苏苏的烘焙盛宴

SUSU'S 105 GREAT BAKING RECIPE

辽宁科学技术出版社
·沈 阳·

图书在版编目（CIP）数据

苏苏的烘焙盛宴 / 苏苏爱美食编著. -- 沈阳 ：辽宁科学技术出版社，2016.6
ISBN 978-7-5381-9810-2

Ⅰ.①苏… Ⅱ.①苏… Ⅲ.①烘焙－糕点加工 Ⅳ.①TS213.2

中国版本图书馆CIP数据核字(2016)第094573号

出版发行：辽宁科学技术出版社
（地址：沈阳市和平区十一纬路29号 邮编：110003）
印 刷 者：沈阳市精华印刷有限公司
经 销 者：各地新华书店
幅面尺寸：170mm × 240mm
印 张：15
字 数：300千字
出版时间：2016年6月第1版
印刷时间：2016年6月第1次印刷
责任编辑：卢山秀
封面设计：魔杰设计
版式设计：李 雪
责任校对：合 力

书 号：ISBN 978-7-5381-9810-2
定 价：49.80元

序 言

烘焙，是生活的一部分，会给你带来一份好心情；烘焙，是一门艺术，苏苏将给你带来一份不一样的烘焙体验。业精于勤，更精于巧，信手拈来便妙手生辉，这才是大家风范。书中涉及的工具和食材就在你身边。

本人的烘焙经验和经历可谓丰富，但是撰文写字却不是强项，原因是不在家中烘焙，习惯了专业设备，今日，苏苏汇聚生活点滴，整理成书，造福多人，体现了真实的烘焙价值和意义，同样令我倍感欣慰。

苏苏是一位热爱生活、喜欢美食、迷恋烘焙的美食专栏作家《苏苏的烘焙盛宴》，是对苏苏烘焙生涯的一个阶段性回顾与总结，凝聚了她的心血，释放了烘焙人的正能量，我想，看到这本书的人，能更加了解苏苏、认识烘焙，更希望，通过这本书，能给那些热爱烘焙的人一个坚定走下去的理由。

这本书从饼干、蛋糕、甜点、泡芙、花样面包到主食面包，收录了苏苏精心编写的105个烘焙方子，真心觉得苏苏认真严谨的态度在烘焙书中体现得淋漓尽致，操作步骤非常详实，配图也很清晰漂亮，即使新手做起来也会觉得事半功倍！

工具书在身边，加上很容易采购的原材料，信手制作一款烘焙美味，是对生活的最好调剂。读书会让你无师自通，从初学到大师，相信你会从此爱上烘焙。

2016.04.09

目录

Contents

烘焙的基础知识

手工饼干

迷人蛋糕

花样面包

主食面包

目录

Contents

挞派甜品

百变泡芙

Basic Knowledge of Baking
烘焙的基础知识

家庭烘焙基本器具介绍

1.烤箱

烤箱是烘焙的必备工具。烤箱可以分为嵌入式和台式，还可以分为机械版和电脑版等多种类型。无论选什么样的烤箱，适合自己的就是最好的。

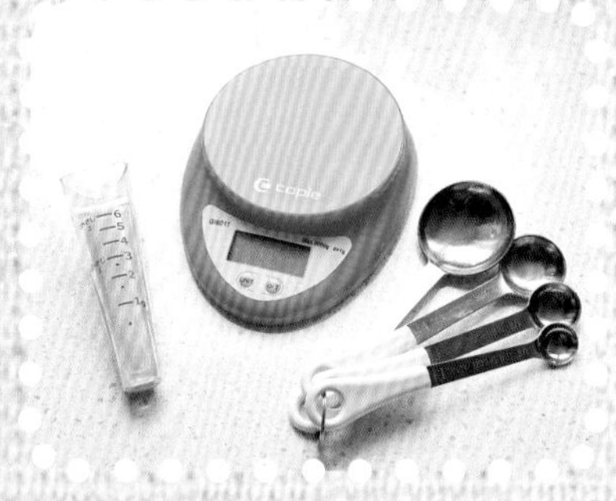

2.称量工具

烘焙过程中，所用的材料如在用量上有细微差别都会影响所烘焙食品的味道。建议使用可以精确称量的电子秤。量勺是用于准确量取少量材料的一种专用工具，盛装的材料与量勺齐平。

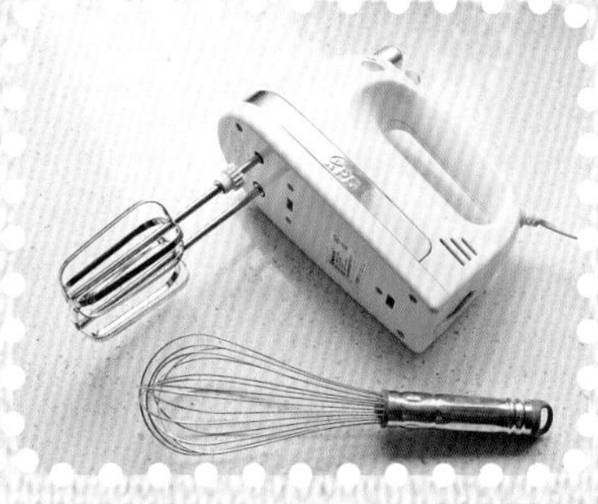

3.搅拌器

也称打蛋器，将鸡蛋或淡奶油打发时所用的工具，也可以将黄油、奶油、奶酪等块状材料打碎、搅拌，应具备手动和电动两种。

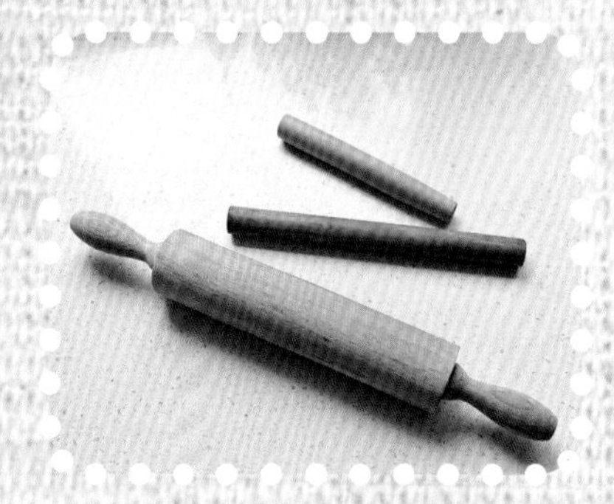

4.擀面杖

把面团擀成宽状或平平的形状时所使用的工具。

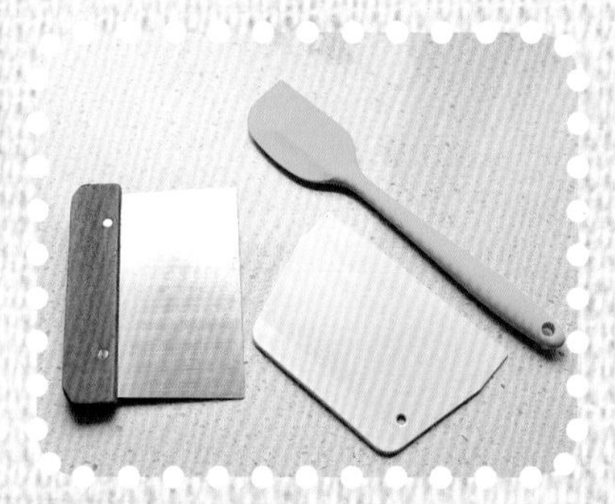

5.刮板、刮刀、切面刀

刮板可将零散的面团刮到一起，也可以刮平蛋糕面糊表面；刮刀用来翻拌面糊；切面刀是用来切割面团的工具。

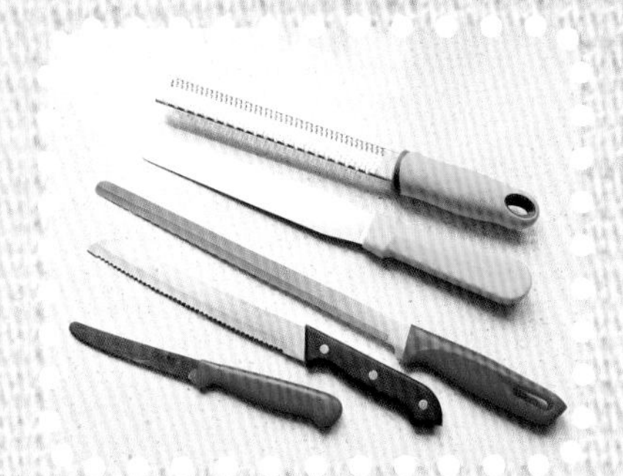

6.抹刀、刨刀、面包刀、割纹刀

抹刀用来往蛋糕等制品上涂抹奶油、果酱之类；刨刀用来刨制各种丝馅和果皮屑；面包刀用来切割面包等食品；割纹刀又称长割口刀，是用来割开面包表皮的工具，如果没有也可用一般刀片来代替。

7.面包机

面包机可以直接做一键式吐司，也可以用来揉面。

8.厨师机

厨师机适用面团范围较广，手揉太费劲，面包机揉不了的面团也能揉到位。

9.油纸、锡纸、纸杯

油纸是为了烘焙时将食品和模具更好地分离；锡纸是烘焙中间加盖在食品上，以防止上色过重；纸杯也叫纸托，用来一次性烘烤蛋糕或面包时不需要脱模。

10.面筛

用来筛面粉等粉状物质，有面筛杯和面箩面筛。还有小孔筛可以把糖粉、可可粉等粉类筛撒在烘焙食品上，用来装饰食品。

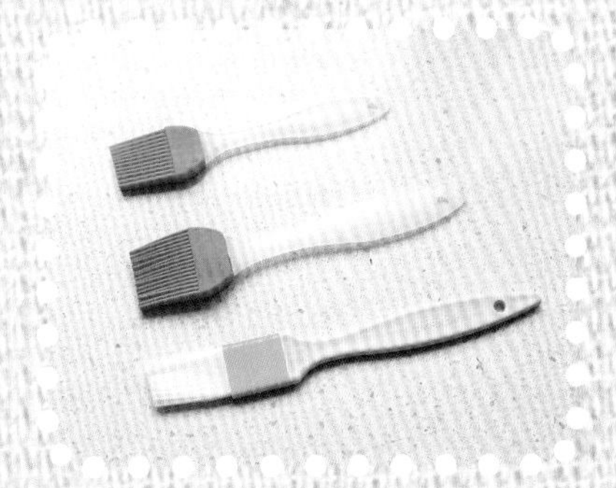

11.刷子

在模具上涂抹黄油、面包上刷蛋液和把沾在面团上多余的敷面去掉时所使用的工具。硅质刷子清洗时更便利更卫生，但是毛刷可以把蛋液刷得更细腻更完美。

12.裱花袋、裱花嘴

在裱花袋中放入曲奇面糊或淡奶油，裱花袋口嵌上各种形状的裱花嘴，可用来装饰烘焙食品。防水布制成的裱花袋，可以反复多次使用；一次性裱花袋也非常方便实用。

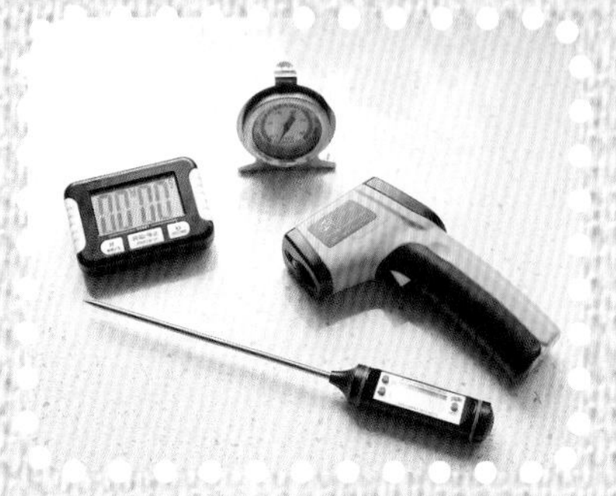

13.温度计、计时器

烤箱内可以放置的温度计，可测量烤箱内部的温度；可以插到液体内部，测量糖浆等液体温度；远红外线温度计，可测量面团等的温度。计时器用来计算发酵和烘焙的时间。

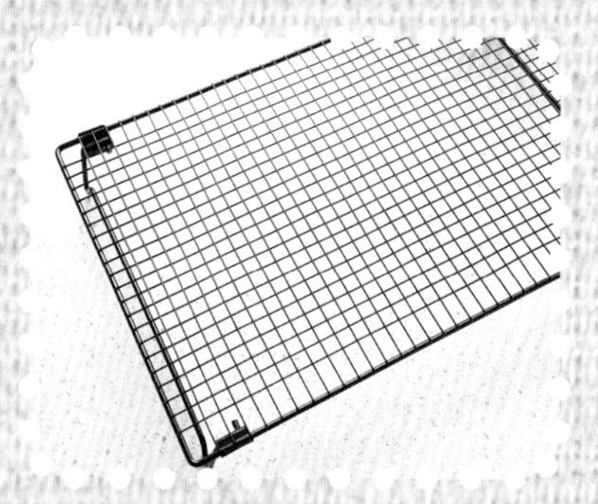

14.散热网

也叫冷却架，用于冷却出炉后的面包、蛋糕、饼干等，它可以起到防止烘烤食品底部潮湿的作用。

15.派刀、钉子滚子

派刀是把面皮边缘切出波浪状条纹的工具；钉子滚子是可以轻而易举地把面团弄出小孔的工具，如果没有也可以用叉子代替。

16.法棍面包模具、吐司盒

法棍面包模具上面布有均匀的孔洞，可以使上下受热均匀，便于家庭烘焙法棍；吐司盒比磅蛋糕的高度高，是做吐司的专用模具，可以加盖做成方形的吐司，也可以不加盖做成拱形吐司。

17.蛋糕模具

制作戚风蛋糕、长崎蛋糕和普通蛋糕所用的模具。可以分为固底和活底，有中空、圆形等种类。

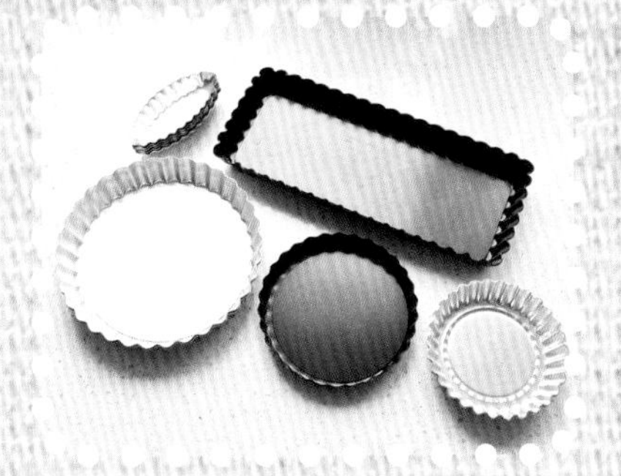

18.挞派模具

烘烤挞或派时用的模具，边缘有锯齿，扁平状，底盘可以分离的模具。有圆形、长方形等多种形状。

19.麦芬模具、玛德琳模具

制作麦芬或玛芬蛋糕的模具，可以是6连或12连的模具。玛德琳的模具，内部刻有扇形或贝壳花纹图案。

20.饼干模具

制作各种花样饼干时，用来切割面团的工具。一般有不锈钢和塑料材质的，常见的形状有星星、心形、圆形、小汽车、小动物等。

21.方模、磅蛋糕模具

方模具分6英寸（吋）和8英寸（吋），也分固底和活底，用来烘烤方形的蛋糕或连排面包；磅蛋糕模具是做磅蛋糕的专用模具，与吐司盒略有相似，但是吐司盒有小孔，磅蛋糕没有孔，也相对浅一些，更细长一些。

22.慕斯圈

用于把慕斯蛋糕等放入冰箱定型的模具，有圆形和方形两种形状。

23.普通烤盘、黄金烤盘

烤箱带有普通烤盘，一般烘烤时需要铺一层油纸；黄金烤盘也称不粘烤盘，一般烘烤蛋糕、面包、饼干时，不需要铺油纸，可以达到不粘的效果。

家庭烘焙基本材料介绍

1.面粉

面粉可以分为高筋面粉、低筋面粉、中筋面粉。一般情况下，高筋面粉也称强力粉，用来制作面包；低筋面粉也称薄力粉，用来制作蛋糕；中筋面粉也称普通粉，用来制作中式点心或挞派皮。

2.其他粉类

全麦粉，由小麦在磨粉过程中保留碾碎的麸皮而成，全麦粉不像普通面粉那样是白色的，通常是偏黄色的，口感有嚼劲；裸麦粉，由裸麦磨制而成，可以提高西点的风味和营养的面粉；杏仁粉，是由美国大杏仁研磨加工而成，能提高烘焙食品的湿润口感与香浓的风味；淀粉一般指玉米淀粉，在制作蛋糕等烘焙食品时使用，可以使西点的组织更加细致柔软。

3.天然粉、人工色素

抹茶粉、可可粉、红曲粉、生姜粉、南瓜粉等，加入面包、蛋糕或曲奇中便可呈多种颜色和风味；虽然人工色素仅用微量，便可随意调色，但是家庭烘焙建议尽量不要添加人工色素为宜。

4.砂糖、糖粉

砂糖可以分为白糖、黄糖、红糖，也可以分为细砂糖、粗砂糖、糖粉。白糖用得较多，不仅让烘焙食品有甜味，还会有湿润感；如果想让烘焙食品有更重的色泽或特殊香味，可以根据用途来选用黄糖和红糖；糖粉，可以用细砂糖粉碎打磨成粉状，用于烘焙食品装饰、曲奇制作等；粗砂糖可以撒在面包或饼干表面。

5.膨松剂

酵母中的多种微生物酶会使面坯膨胀发酵，大致分为鲜酵母、干酵母和即发酵母三种，书中用的主要是即发酵母；泡打粉作为使西点膨胀的一种化学膨松剂，可以去除苦味并使面坯发酵，建议使用无铝泡打粉；苏打粉也称食用碱，其成分就是碳酸氢钠，也是一种烘烤膨松剂，做饼干时加入苏打粉才会使饼干更酥脆。

6.鸡蛋

制作西点时加入鸡蛋，可增加面团的水分量和柔软度。一个鸡蛋的重量一般为60克，蛋黄、蛋白和蛋壳的比例为6：3：1。

7.黄油、植物油

黄油是烘焙的基本原料之一，本书中用的是无盐黄油。家庭烘焙建议使用100%天然的黄油，不建议用人造黄油、起酥油，因其反式脂肪含量高，而且其口味和营养都不如无盐黄油。植物油可以用玉米油、山茶油或是橄榄油。

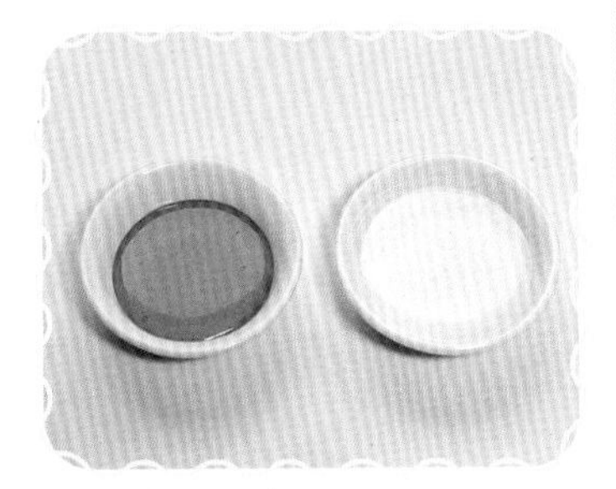

8.糖浆

糖浆有枫叶糖浆、糖稀等多种糖浆，可代替细砂糖使用，也能使烘焙西点拥有特殊的香味。麦芽糖适合糖尿病和高血糖的人食用，既有甜味又不会让血糖升高。

9.奶油奶酪、马斯卡彭奶酪

奶油奶酪，也称乳酪，是一种未成熟的全脂奶酪，可以广泛地应用于芝士蛋糕、麦芬、面包或者其他各式的西点。由于开封后的奶油奶酪不能放于冰箱冷冻而必须冷藏保存，因此建议购买小包装；马斯卡彭奶酪，没有奶油奶酪那种酸甜滋味而且更加柔软润滑，是用来制作提拉米苏或者一些慕斯蛋糕的原料。

10.淡奶油

淡奶油，是牛奶脂肪分离而制成的乳制品，分为动物淡奶油和人造植脂淡奶油，书中用的是动物淡奶油，家庭烘焙建议用动物淡奶油。淡奶油的用途十分广泛，可以用做蛋糕卷、泡芙、蛋糕等的装饰，也可以在制作西点时像添加牛奶一样添加，让西点的奶味浓郁醇厚，也更松软可口。

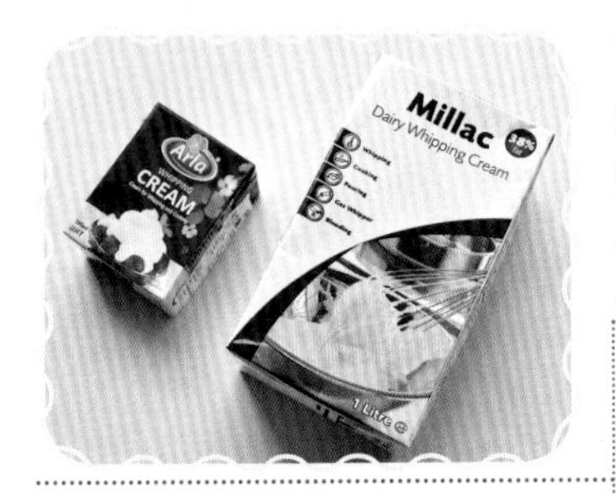

11.巧克力

烘焙巧克力有黑巧克力、耐高温巧克力、白巧克力等，家庭烘焙建议使用不添加任何人工香精和色素的天然可可脂含量高的产品，不仅口感纯正，而且有益健康。

12.酒类

烘焙用酒主要用来使西点散发独有的香味，或除去鸡蛋等其他材料中的杂味，用量一般较少。朗姆酒是蔗糖制成的，咖啡酒是调味酒。

13.香草荚、香草精

香草荚和香草精可以使西点的口感增加特殊香味，令人回味无穷。香草荚可以直接放在牛奶中煮，捞出香草荚皮就可以；香草精是液态的，可以直接加入制作西点的面糊中。

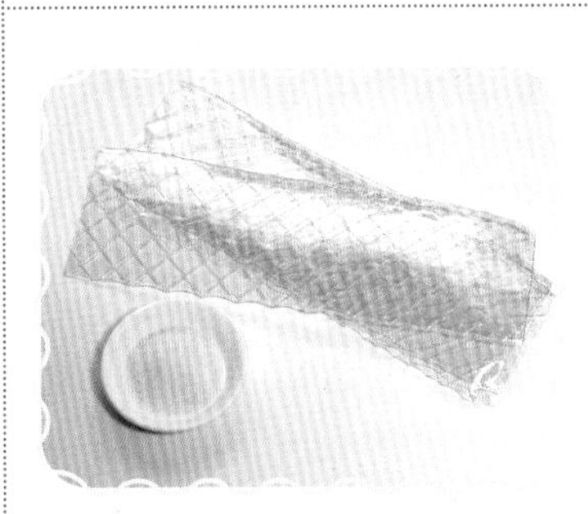

14.明胶粉、明胶片

明胶粉、明胶片是用鱼皮制作的，是一种凝固剂，是从动物蛋白中提取而成的。把明胶粉溶于热水中，变成液体再冷却，可制成固体明胶；明胶片在冷水中浸泡后，沥干水分，溶入其他材料即可使用。明胶粉、明胶片一般用于制作慕斯蛋糕或布丁、果冻等。

15.坚果、干果

核桃、杏仁、榛子、腰果等坚果，放在锅中略炒或用烤箱100℃烤至酥脆，用于烘焙各种西点，口感更香，营养更全。干果主要有葡萄干、蔓越莓干、蓝莓干等，用前可以在朗姆酒或清水中泡一下。

苏苏的烘焙心得——饼干篇（一）

1.烤箱为什么要预热？

烤箱在烘烤之前，必须提前调至需要的温度，打开开关预热一段时间，使产品进入烤箱时就能达到所需要的温度。烤箱预热可使饼干面团迅速定型，并且也能保持较好的口感。烤箱的容积越大、所需的预热时间就越长，5～10分钟不等。

2.细砂糖和糖粉在饼干制作中的作用？

细砂糖帮助饼干内部松脆，同时糖有焦化的作用，可以使饼干上色更深更有食欲；而糖粉则可以帮助饼干表面纹路细腻清晰，如各种造型饼干、曲奇，让其花纹保持得细腻、美观。

3.粉类为什么要过筛？

面粉具有很强的吸湿性，长时间放置会吸附空气中的潮气而产生结块，过筛能去除结块，可以使其跟液体材料混合时避免出现小疙瘩。同时过筛还能使面粉变得更蓬松，更容易跟其他材料混合均匀。除了面粉之外，通常还有其他粉类，如泡打粉、玉米粉、可可粉等干粉状的材料都要过筛。

4.材料为什么需要恢复室温？

最常见的是黄油，黄油通常放置在冰箱中存放，质地比较硬，在操作之前提前半小时或一小时将其取出，放在室温环境下，让其恢复室温，变得比较软一点，然后再操作会比较容易和有效。鸡蛋也同样，通常也要提前半小时或一小时从冰箱取出，恢复室温的鸡蛋在跟黄油等材料混合时会比较容易被吸收均匀和充分。奶油奶酪等材料也需要提前从冰箱取出，室温放置半小时或一小时，继续操作就非常容易了。

5.曲奇进烤箱前好好的，为何烤出来都塌了？

曲奇里的成分大部分为黄油，而黄油28℃开始会软化，30～40℃就开始液化了，所以在烘烤初期都用高温烘烤，使饼干更快定型，就不会出现“塌”的情况了，而曲奇定型后就可以转低温继续烘烤至上色即可。

Homemade Cookie 手工饼干

奶浓酥脆的曲奇饼干、甜而不腻的红糖小饼、果香四溢的意式脆饼等简单的手工饼干，精致可爱，健康美味，简简单单将食材混合拌匀，置于烤箱中烘烤，片刻间诱人的香气就会在屋子弥漫开来。

还在等什么，赶紧穿上围裙，戴上厨师帽，从擀面开始制作吧！跟家人一起烘焙甜蜜和幸福，让每一个瞬间都成为生活中最美好的记忆……

沙漠玫瑰意式脆饼

沙漠玫瑰意式脆饼

材料

普通面粉……………… 150克
鸡蛋……………………… 50克
无盐黄油………………… 80克
牛奶……………………… 20克
玉米片…………………… 40克
细砂糖…………………… 80克
无铝泡打粉………………… 6克
樱桃果肉………………… 50克

必备器具

搅拌盆、手动打蛋器、刮刀、面粉筛、碗、勺、黄金烤盘、冷却架。

小贴士

1. 没有樱桃果肉可换葡萄干或蔓越莓干。
2. 不必刻意一定要弄成圆形，不规则形状也很美。

所需时间
30分钟

难易度
★☆☆

1 樱桃果肉切小块加40克细砂糖腌制备用。

2 鸡蛋打入容器内，倒入40克细砂糖。

3 倒入牛奶拌匀。

4 倒入融化的黄油，用手动打蛋器边加边搅拌，打至浓稠即可。

5 面粉和泡打粉一起筛入液体中拌成面糊。

6 樱桃果肉去除水分加入面糊中拌匀。

7 用勺子舀起一勺面糊，外面裹上玉米片。

8 轻轻放在黄金烤盘中压扁压薄，烤箱预热180℃，中层烘烤15分钟至表面金黄即可取出放冷却架放凉。

牛奶曲奇

牛奶曲奇

☆ 材料

低筋面粉……………… 200克
杏仁粉……………… 40克
无盐黄油……………… 160克
牛奶……………… 40克
盐……………… 2克
糖粉……………… 80克

☆ 必备器具

搅拌盆、电动打蛋器、裱花袋、刮刀、面粉筛、8齿裱花嘴、黄金烤盘、冷却架。

☆ 小贴士

1.低筋面粉要提前过筛，然后再和杏仁粉、盐一起拌匀。
2.也可以在拌好的面糊中加入50～60克切碎的蔓越莓，口感也很棒。

所需时间
40分钟
难易度
★★☆

1 黄油室温软化切小块备用。

2 黄油用电动打蛋器打至乳白状。

3 加入糖粉继续用打蛋器打至蓬松。

4 分次加入牛奶继续打至光滑细致的乳膏状。

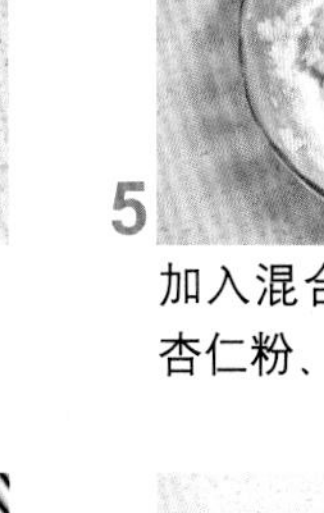

5 加入混合均匀的低筋面粉、杏仁粉、盐，翻拌均匀。

6 拌匀的面糊装入裱花袋。

7 用8齿裱花嘴逆时针挤出饼干形状放在黄金烤盘上，烤箱预热170℃烤15～20分钟，取出放冷却架凉凉。

燕麦红糖小饼

燕麦红糖小饼

☆ 饼干材料

燕麦	80克
低筋面粉	100克
无盐黄油	100克
鸡蛋	1个
红糖	80克
核桃仁	25克
大杏仁	25克
葡萄干	15克
蔓越莓干	15克
生姜粉（可根据个人口味增减）	1/2小勺
无铝泡打粉	1/2小勺
香草精	2滴
盐	1克

☆ 装饰材料

燕麦	80克

☆ 必备器具

搅拌盆、电动打蛋器、刮刀、碗、面粉筛、黄金烤盘、冷却架。

☆ 小贴士

1. 蛋液要分两次加入，每次完全吸收再加入第二次。
2. 没有生姜粉可以不用。
3. 核桃仁和大杏仁要提前烤香，用料理机打碎。

所需时间

35分钟

难易度

★★☆

1 将室温软化的黄油用打蛋器打至顺滑。

2 再加入红糖和盐继续打至蓬松。

3 蛋液分次加入打发均匀，再加入香草精继续搅拌。

4 倒入过筛的低筋面粉、生姜粉和泡打粉拌匀。

5 放入核桃仁、大杏仁、玉米片、燕麦拌匀。

6 加入葡萄干和蔓越莓干一起拌匀。

7 拌成面团分成每个20克的小面团揉圆，表面裹满燕麦。

8 将其压扁摆在黄金烤盘中，烤箱预热180℃烤20分钟即可。

玉米小饼

玉米小饼

材料

低筋面粉	180克
小苏打	2小匙
黄砂糖	20克
无盐黄油	50克
玉米粒	90克
牛奶	30克

必备器具

搅拌盆、刮刀、面粉筛、保鲜袋、擀面杖、保鲜膜、量勺、油纸、烤盘、饼干模具、冷却架。

小贴士

1. 如果没有黄砂糖可换白砂糖。
2. 如果用黄金烤盘不必铺油纸。

所需时间
60分钟

难易度
★★☆

1 黄油室温软化切小块备用。

2 冷冻的玉米粒常温解冻。

3 筛入低筋面粉。

4 用手指揉碎黄油，使其与粉类融合，然后用手掌揉搓，使整体成为沙粒状。

5 加入黄砂糖拌匀。

6 放入玉米粒拌匀。

7 加入小苏打粉，继续拌匀。

8 倒入牛奶拌成面团装入保鲜袋，放冰箱冷藏30分钟。

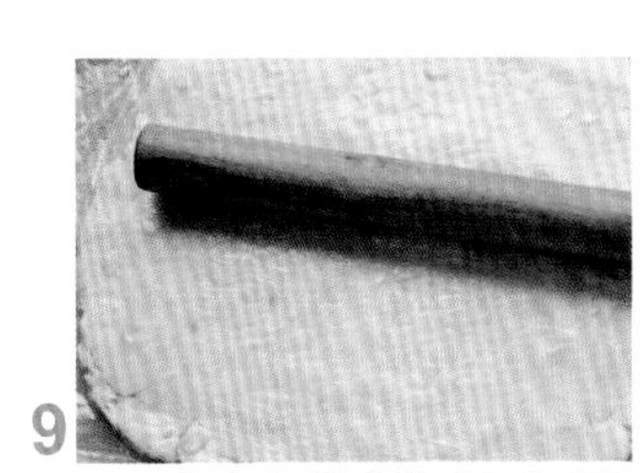

9 面团盖上保鲜膜擀成1.5厘米厚的面饼。

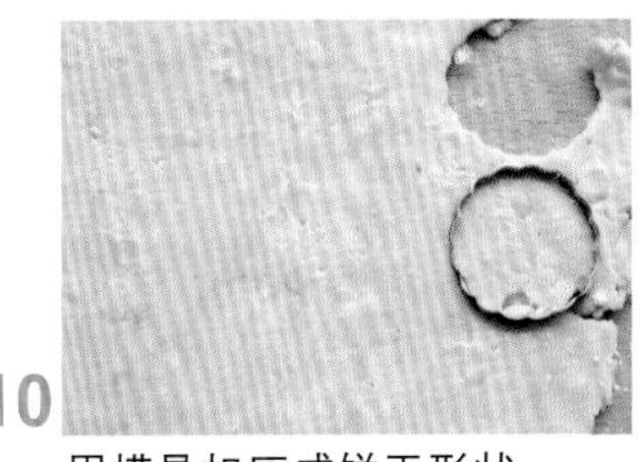

10 用模具扣压成饼干形状。

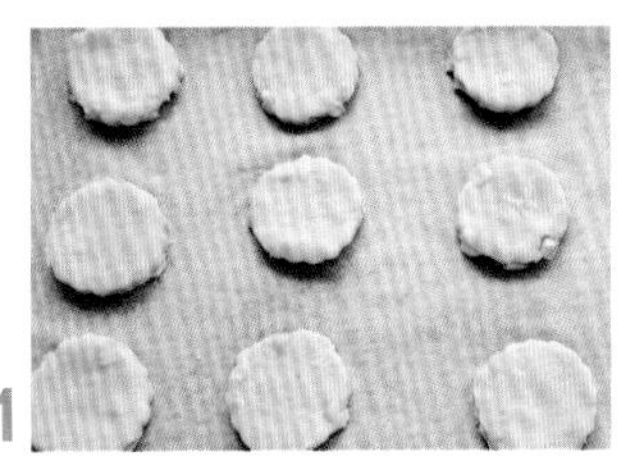

11 烤盘铺上油纸，摆上玉米饼，烤箱预热200℃烤15分钟即可。

祥云曲奇

祥云曲奇

☆ 材料

高筋面粉……………… 90克
无盐黄油……………… 75克
糖粉…………………… 30克
鸡蛋清………………… 1/2个

☆ 必备器具

搅拌盆、电动打蛋器、裱花袋、刮刀、面粉筛、5齿裱花嘴、油纸、烤盘、冷却架。

☆ 小贴士

1.黄油提前软化好。
2.蛋清分次加入，每次充分吸收再加第二次。

1 将室温软化的黄油切小块。

2 放入糖粉搅拌，用打蛋器打至光滑细致的乳膏状。

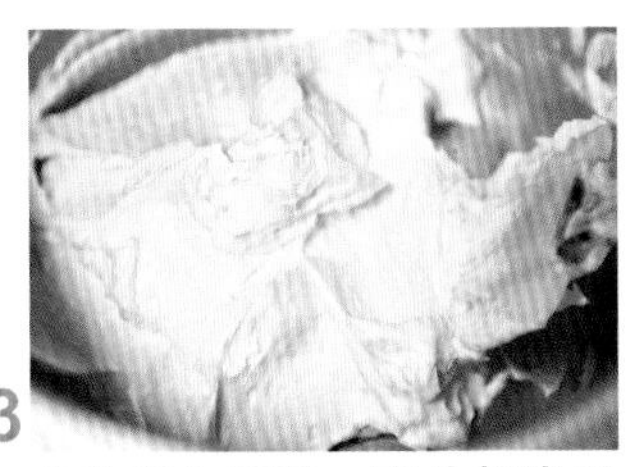

3 分次加入蛋清，充分打发吸收。

4 打发好的黄油中加入过筛的高筋面粉。

5 用刮刀充分拌匀，装入裱花袋。

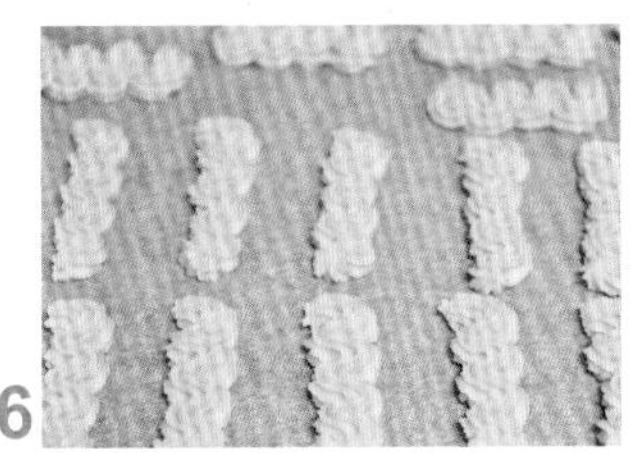

6 烤盘铺油纸，将拌好的面糊用5齿裱花嘴以“S”形挤到烤盘中。烤箱预热170℃烤15分钟左右。

所需时间
30分钟

难易度
★★☆

巧克力布朗尼曲奇

巧克力布朗尼曲奇

☆ 材料

低筋面粉	110克
细砂糖	60克
植物油	40克
蛋黄	1个
酸奶	35克
可可粉	30克
无铝泡打粉	5克
速溶咖啡粉	5克
盐	2克
熟瓜子仁	25克
糖粉	适量

☆ 必备器具

搅拌盆、手动打蛋器、面粉筛、刮刀、油纸、烤盘、盘子、冷却架。

☆ 小贴士

1. 瓜子仁如果是生的，可用烤箱140℃烤10分钟左右。
2. 将曲奇放入烤箱，注意观察要保持糖粉原色不易烤过长时间。

所需时间
4小时25分钟
难易度
★★☆

1 将细砂糖放入植物油，充分搅拌至糖溶化。

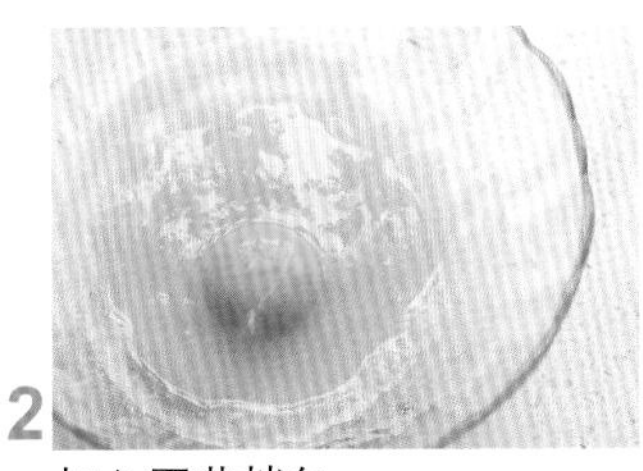

2 加入蛋黄拌匀。

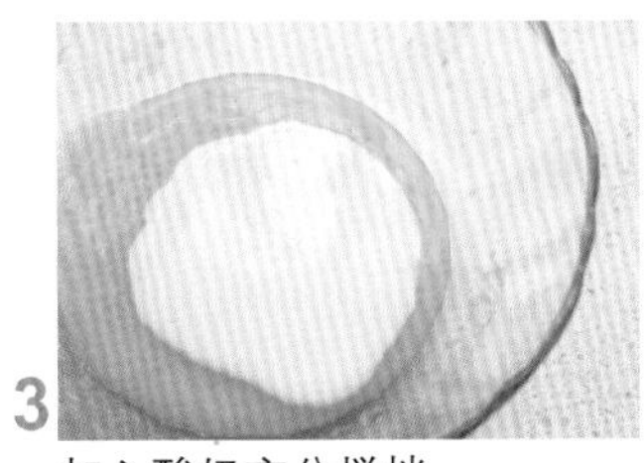

3 加入酸奶充分搅拌。

4 筛入所有粉类，继续搅拌。

5 加入盐后，倒入瓜子仁拌成面团。

6 将面团装进保鲜袋冰箱冷藏4小时，取出面团分成每个15克左右的小面团滚圆，表面裹匀糖粉。

7 裹匀糖粉的曲奇，放在铺油纸的烤盘上。烤箱预热170℃烤12分钟取出凉凉。

摩卡斜形小饼

摩卡斜形小饼

材料

材料	用量
低筋面粉	210克
杏仁粉	25克
细砂糖	25克
植物油	40克
蜂蜜	30克
无铝泡打粉	3克
杏仁	45克
巧克力豆	20克
葡萄干	20克
蔓越莓干	30克
鸡蛋	2个

必备器具

搅拌盆、手动打蛋器、面粉筛、碗、保鲜袋、油纸、刮刀、烤盘、裱花袋、剪刀、冷却架。

小贴士

1.材料中的巧克力豆要用小一点儿的豆豆。

2.摩卡酱材料：速溶咖啡粉3克、牛奶10克、糖粉40克。

3.不喜欢挤摩卡酱也很美味。如果挤摩卡酱，要充分放凉才能装入密封袋保存。

所需时间

1小时50分钟

难易度

★★☆

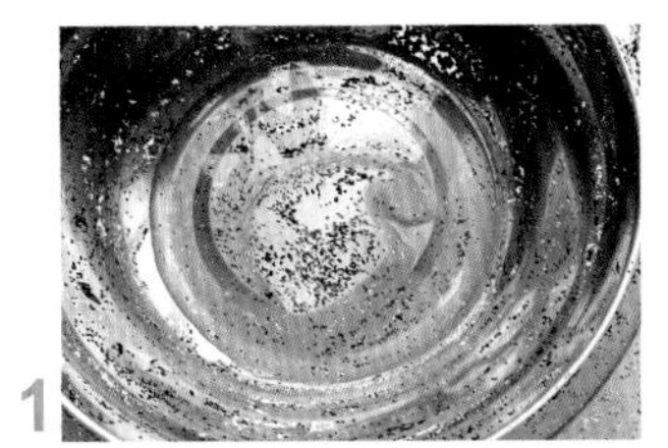

1 搅拌盆里倒入细砂糖、植物油一起搅拌。

2 依次加入鸡蛋、蜂蜜，充分搅匀。

3 筛入所有粉类，继续拌匀。

4 加入所有干果类和巧克力豆拌匀。

5 拌成面团装保鲜袋放冰箱冷藏1小时，再取出面团擀成一块1.5～2厘米厚的面饼。

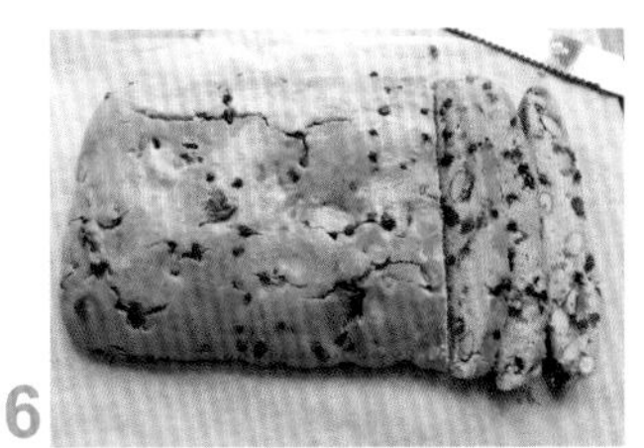

6 烤箱预热170℃烤30分钟。取出放凉切成1厘米左右的片。

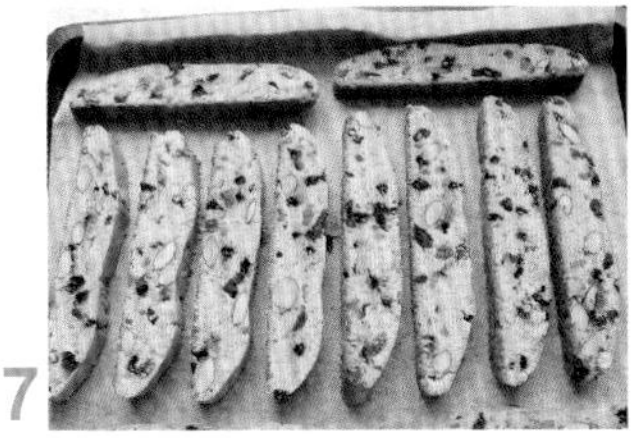

7 切好的饼干摆入烤盘，再放入预热170℃的烤箱烤约15分钟后，取出放冷却架凉凉。

8 牛奶里加入糖粉。

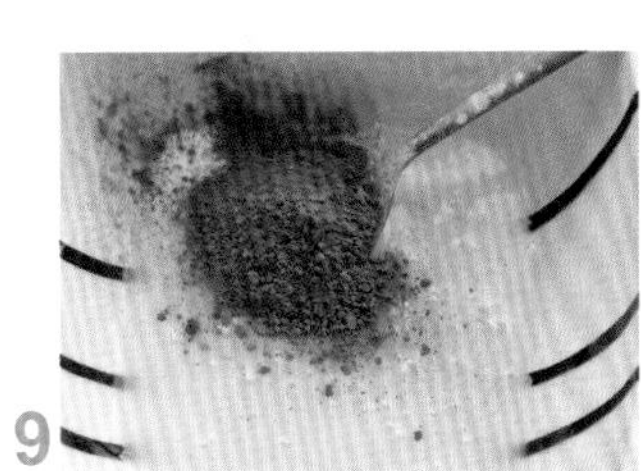

9 加入速溶咖啡粉充分拌匀制成摩卡酱。

10 将摩卡酱装入裱花袋，用剪刀将裱花袋剪一个小口，将摩卡酱挤在烤好的饼干上。

燕麦酥条

燕麦酥条

☆ 材料

燕麦片…………………… 150克
无盐黄油………………… 80克
蔓越莓干………………… 20克
细砂糖…………………… 10克
盐………………………… 1克
红糖……………………… 10克
蜂蜜……………………… 40克

☆ 必备器具

搅拌盆、锅、木铲、刮刀、碗、锡纸、烤盘、刀。

☆ 小贴士

1.根据自家烤箱情况，中间要加盖锡纸，不要烤煳了。
2.烤好取出，只要不烫手就开始切，不要等太凉了，那样太酥就切不成条了。
3.喜欢比较硬脆口感的，可以将烤盘放入烤箱中下层，用180℃烤10分钟。

所需时间
35分钟
难易度
★★☆

1 软化的黄油放入搅拌盆，依次加入红糖、细砂糖、盐。

2 放入锅中，隔水加热。

3 不断搅拌至黄油和糖都融化。

4 加入蜂蜜继续搅动，直至煮到略起泡泡离火。

5 燕麦片中加入蔓越莓干，倒入蜂蜜糖汁，搅拌均匀。

6 烤盘中铺上锡纸，薄薄涂一层油。将混合好的燕麦平铺于烤盘中。

7 用力压紧压平，烤箱预热170℃中层烤25分钟左右。取出稍凉切成条状即可。

香葱曲奇

香葱曲奇

材料

无盐黄油	150克
糖粉	60克
盐	3克
鸡蛋	50克
牛奶	18克
香葱末	20克
低筋面粉	200克

必备器具

搅拌盆、电动打蛋器、裱花袋、刀、刮刀、碗、面粉筛、5齿裱花嘴、黄金烤盘、冷却架。

小贴士

1.香葱碎不要太过粗壮，挤曲奇时容易堵裱花嘴。
2.挤的时候尽量用一个力度，逆时针方向挤，每个之间还要间隔一定距离。
3.夏季气温高，可以先放在冰箱冷藏20分钟左右再挤，烤出来的花纹会更清晰。

所需时间
35分钟
难易度
★★☆

1 黄油室温软化切小块备用。

2 黄油用电动打蛋器打至乳白色絮状。

3 加入糖粉继续用打蛋器打至蓬松。

4 分3次加入鸡蛋搅拌至光滑细致的乳膏状。

5 分次加入牛奶，搅拌均匀。

6 将过筛面粉加入打发的黄油中搅拌均匀。

7 香葱洗净取葱叶部分，用厨房用纸吸干水分，切成葱花。

8 再加入葱花，用橡皮刮刀搅拌均匀。

9 将面糊装入裱花袋，用5齿花嘴逆时针挤出饼干形状放在黄金烤盘上，烤箱预热170℃烤15～20分钟，取出放冷却架凉凉。

香葱乳酪司康

香葱乳酪司康

材料

材料	用量
低筋面粉	200克
无铝泡打粉	1克
无盐黄油	50克
细砂糖	35克
盐	1克
奶油奶酪	100克
蛋液	30克
牛奶	20克
香葱	20克

必备器具

搅拌盆、刀、木砧板、裱花袋、刮刀、面粉筛、黄金烤盘、硅胶刷、心形饼干模具、保鲜袋、擀面杖、冷却架。

小贴士

1.香葱要用细小的，否则不易挤出。

2.香葱碎要最后和到面团中，放的过早容易碎。

所需时间
55分钟

难易度
★★☆

1 香葱洗净沥干水，切成细碎状。

2 室温软化的黄油和奶油奶酪分别切成小块。

3 低筋面粉和泡打粉过筛，加入细砂糖、盐拌匀。

4 加入黄油用手捏成粗沙粒，再加入奶油奶酪块继续捏成粗沙粒状。

5 分次加入蛋液拌匀。

6 再加入牛奶拌匀。

7 放入香葱碎拌成面团。

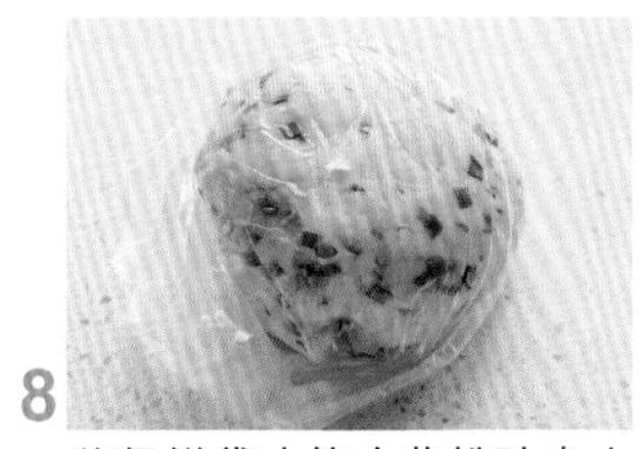

8 装保鲜袋冰箱冷藏松弛半小时。

9 取出面团擀成1～2厘米的圆饼状，用模具切成自己喜欢的样子。

10 切好的面团放黄金烤盘上，表面刷蛋液，烤箱预热200℃烤15分钟即可。

女巫手指饼

女巫手指饼

材料

材料	用量
低筋面粉	220克
无盐黄油	100克
蛋液	30克
糖粉	60克
无铝泡打粉	1克
杏仁	适量

必备器具

搅拌盆、电动打蛋器、碗、面粉筛、刮刀、保鲜袋、刀、黄金烤盘、冷却架。

小贴士

1.蛋液要分次加入，每次都把上一次加入的打至完全吸收再加下一次。

2.根据烤箱，如果上色均匀了，要加盖锡纸。

所需时间

50分钟

难易度

★★☆

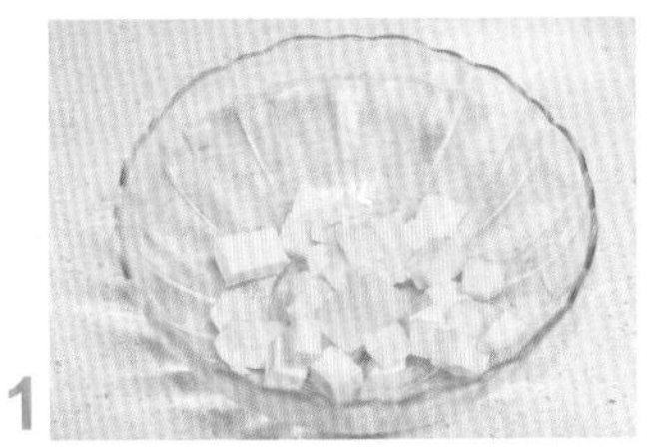

1 软化的黄油切小块，加入糖粉，用打蛋器打至蓬松。

2 分次加入蛋液，继续打发均匀。

3 筛入低筋面粉和泡打粉，混合均匀。

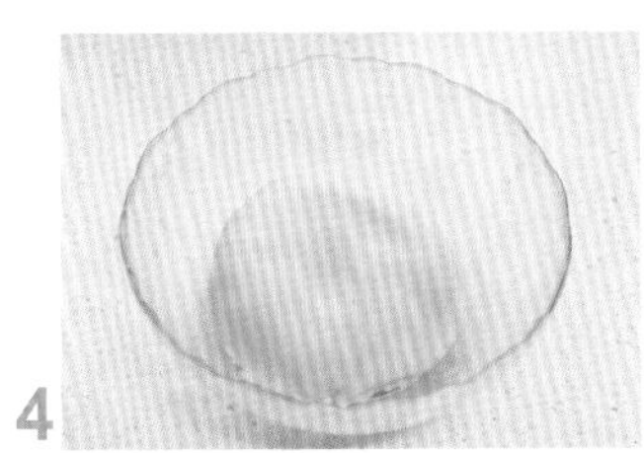

4 揉成面团装入保鲜袋冰箱冷藏半小时。

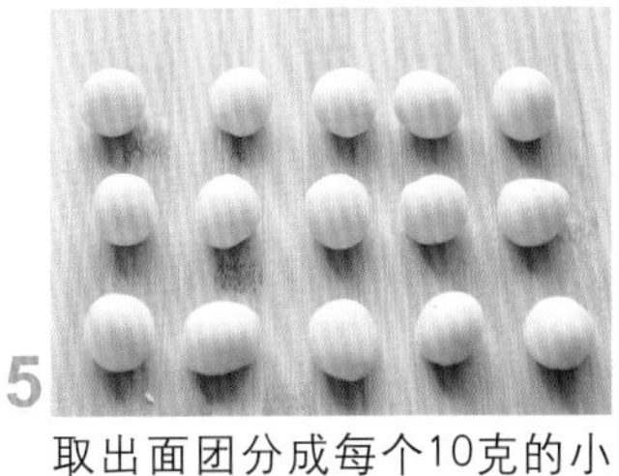

5 取出面团分成每个10克的小面团。

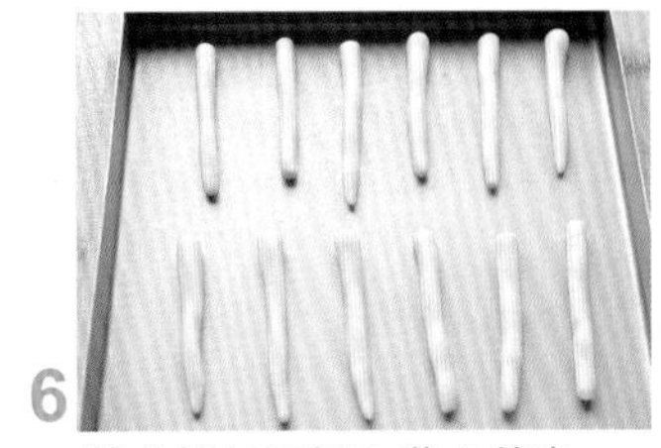

6 搓成长条后摆入黄金烤盘。

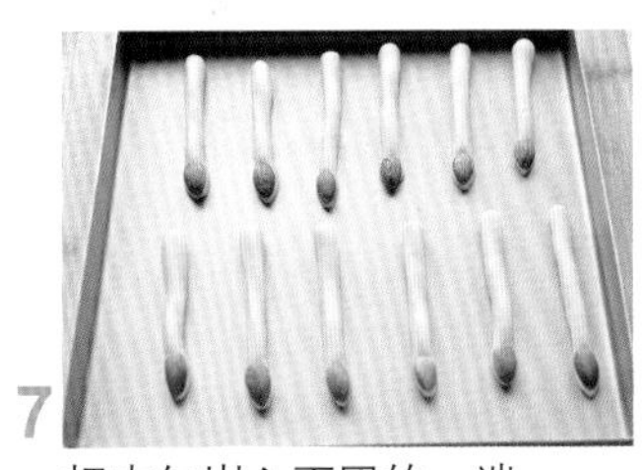

7 把杏仁嵌入面团的一端。

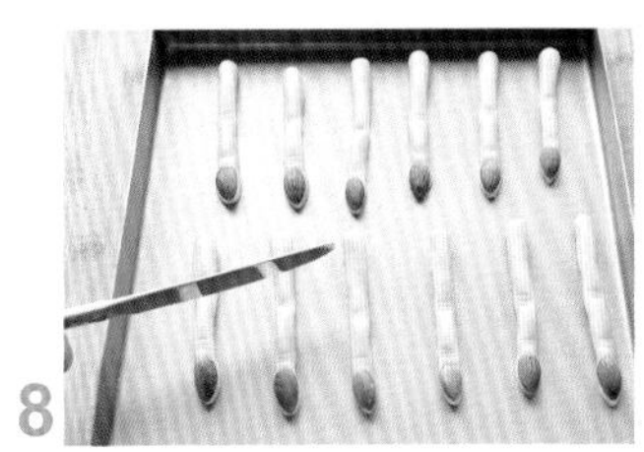

8 用刀压出关节的纹路，烤箱预热180°C烤15分钟取出。

草莓酥粒夹心饼干

草莓酥粒夹心饼干

☆ 材料

材料	用量
低筋面粉	150克
杏仁粉	50克
红糖	20克
盐	少许
山茶油	50克
枫糖浆	30克
冷冻草莓	150克
白砂糖	20克

☆ 必备器具

搅拌盆、木砧板、刀、刮刀、长方形不粘深烤盘17.5cmX21cm。

☆ 小贴士

1. 材料中的山茶油也可以换成其他味道不太重的植物油。
2. 最上面那层酥粒压实了可以撒点儿松松的酥粒在表面。

所需时间

1小时

难易度

★☆☆

1 低筋面粉过筛。

2 加入杏仁粉。

3 加入红糖拌匀。

4 加入山茶油用手搓成粗粒。

5 加入枫糖浆。

6 拌成均匀的细碎颗粒。

7 草莓切成小粒，撒上白砂糖。

8 把一半酥粒铺在模具中，压平压紧。

9 铺上草莓小粒。

10 上面再铺另一半酥粒压实。烤箱预约170℃上下火中层50分钟左右取出放凉切成自己喜欢的形状即可。

抹茶乳酪夹心饼干

抹茶乳酪夹心饼干

饼干材料

低筋面粉	120克
无盐黄油	90克
蛋白	30克
糖粉	50克
抹茶粉	8克

内馅材料

奶油奶酪	100克
无盐黄油	30克
糖粉	20克

必备器具

搅拌盆、刮刀、面粉筛、电动打蛋器、手动打蛋器、裱花袋、裱花嘴、黄金烤盘、冷却架。

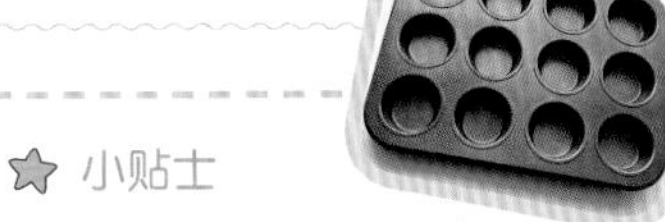

小贴士

1. 黄油和奶油奶酪一定要室温充分软化。
2. 蛋白分次加入，每一次完全吸收再加下一次。
3. 饼干挤在烤盘中，可以先放入冰箱冷冻10分钟再烤，花纹会更清晰。

所需时间
60分钟
难易度
★★☆

1 将室温软化的黄油打发至蓬松。

2 倒入糖粉继续打匀。

3 分次加入蛋白打匀。

4 筛入低筋面粉和抹茶粉，拌成面糊。

5 面糊装入裱花袋中，用花嘴在黄金烤盘上挤出条形状，烤箱预热170℃烤15～20分钟取出放凉。

6 开始制作乳酪馅，将室温软化的奶油奶酪打发顺滑。

7 加入室温软化的小块黄油打发顺滑。

8 加入糖粉继续打发顺滑，装入裱花袋放冰箱冷藏10分钟。

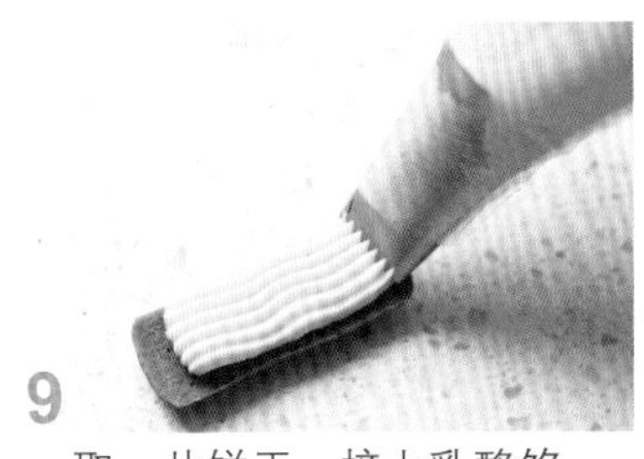

9 取一片饼干，挤上乳酪馅。

10 挤好的乳酪馅上再放一片饼干。

苏苏的烘焙心得——饼干篇（二）

6.饼干为什么烤出来会有点软，不够脆？

饼干刚出炉的时候有点软的，属正常情况。待放凉后便会变得酥脆可口了。如果放凉后还是有点软，那就是因为饼干没有完全烤透，饼干中还含有水分，可以回炉再烤几分钟，让饼干上色再深一些即可出炉。此外，饼干的大小、厚度也会影响其成熟的程度，要尽量做到每块饼干的薄厚、大小都比较均匀，这样在烘烤时，才不会出现有的煳了，有的还没上色。薄厚比大小更重要，越薄的饼干越容易烤过火。

7.饼干为何烤不均匀，底部焦了表面还没上色？

同一种配方，因为烤箱的个体差异性也会导致温度差异的。可以根据自家烤箱情况来调整上下管的温度。

8.为什么要少量多次添加蛋液？

虽然材料一次全部加入搅拌似乎比较省事，但是，有些材料是必须少量多次的添加，才能与其他材料混合好。比如在黄油和糖混合打松发之后，蛋液需要分2～4次加入，而且每加入一次都要使蛋液充分地被黄油吸收完全后再加入下一次。如果一次将所有的蛋液全部倒入黄油糊里，油脂和水分不容易结合，容易造成油水分离，搅和拌匀会非常吃力。

9.排放有间隔不粘连

很多饼干都会烘烤后体积膨大一些，在烤盘中码放时注意每个之间要留一些空隙，以免烤完边缘相互粘黏在一起影响外观。同时，留有空隙还能使烘烤火候比较均匀，如果太密集，烘烤的时间要加长，烘烤的效果也会受影响。

10.烤好的饼干该怎么样保存呢？

饼干放凉后用保鲜袋或者保鲜盒密封保存，不要直接暴露在空气中，会吸收空气中的水分而变软。

Charming Cake
迷人蛋糕

形状各异的玛芬蛋糕承载着许多人的甜蜜回忆；可爱逼真的小熊蛋糕、公主泡泡浴蛋糕能帮我们找回童年的心情，唤回心中深藏的记忆；清新的凤梨酥砖、青柠酸奶小蛋糕能身临其境地感受到大自然的气息。

一个个时尚、可爱、小巧，造型漂亮，梦幻华丽的迷人蛋糕软软的、香香的。洒满阳光的屋子里，与爱人一起慢慢品尝，唇齿间会在留下一丝淡淡的清香，细细回味，奶油浓浓的气息回旋在口中，甜甜的，美美地……

青柠酸奶小蛋糕

青柠酸奶小蛋糕

☆ 蛋糕材料

无盐黄油	45克
低筋面粉	100克
杏仁粉	20克
鸡蛋	50克
酸奶	120克
细砂糖	60克
泡打粉	5克
青柠皮屑	1个
青柠汁	5克

☆ 装饰材料

淡奶油	200克
细砂糖	18克
青柠片	适量
青柠皮屑	适量

☆ 必备器具

搅拌盆、面粉筛、刮刀、碗、电动打蛋器、裱花袋、纸杯、蛋糕模具、使用模具：12连模。

☆ 小贴士

1.糖量可以根据口味增减。

2.蛋糕烤好取出放凉后，挤上打发好的淡奶油，表面装饰青柠皮屑和青柠片即可。

所需时间

35分钟

难易度

★☆☆

1 将室温软化的黄油切成小块，加入细砂糖打发至蓬松。

2 分次加入打散的蛋液。

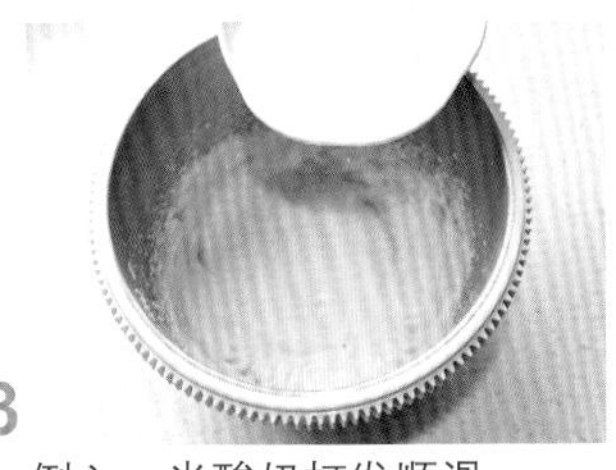

3 倒入一半酸奶打发顺滑。

4 加入青柠汁打匀。

5 加入过筛的低筋面粉、杏仁粉和泡打粉，用刮刀拌匀。

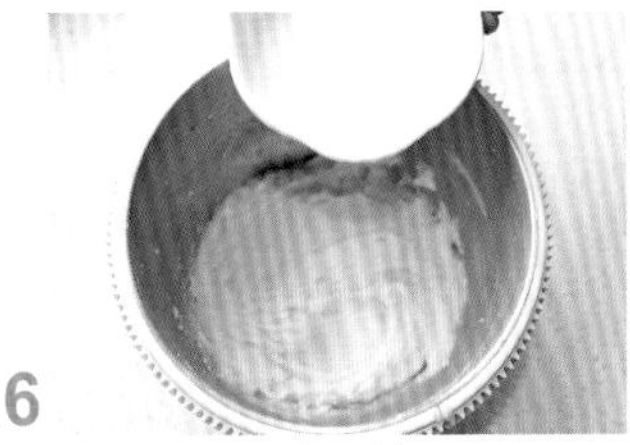

6 倒入剩下的酸奶拌匀。

7 加入青柠皮屑，搅拌至表面光滑。

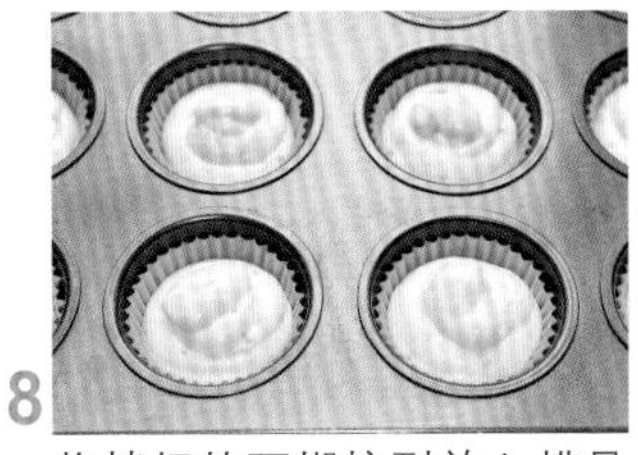

8 将拌好的面糊挤到放入模具的纸模中，烤箱预热170℃烤25分钟即可。

are made by the Season,
llaneous goods manu-
which is also selling.

板栗蛋糕卷

板栗蛋糕卷

蛋糕材料

蛋黄……………………80克
蛋白……………………110克
低筋面粉………………48克
细砂糖…………………50克
牛奶……………………35克
黄油……………………15克
蜂蜜……………………30克

装饰材料

淡奶油…………………150克
细砂糖…………………12克
栗子酱…………………150克

必备器具

搅拌盆、黄金烤盘、鸡蛋分离器、面粉筛、刮刀、锅、碗、电动打蛋器、手动打蛋器、油纸、抹刀、保鲜膜、裱花袋、裱花嘴。

小贴士

1. 加热至温热的蜂蜜要慢慢加入蛋黄中，边加边搅拌。
2. 加入蛋白后，要用切拌的手法快速拌匀，否则易消泡。
3. 烤好的蛋糕卷卷好要定型才能开始装饰。

所需时间
40分钟
难易度
★★☆

1 蛋黄蛋白分离，蛋黄中加入15克细砂糖搅匀。

2 蜂蜜隔水加热至温热程度再搅打至略发白再倒入蛋黄中搅匀。

3 35克细砂糖分3次加入蛋白打至鸟嘴弯状。

4 取1/2蛋白放入蛋黄中切拌均匀。

5 将过2次筛的低筋面粉加入蛋黄混合物中拌匀。

6 蛋黄混合物倒入剩下的蛋白中切拌均匀。

7 牛奶和黄油提前加热煮沸离火，边搅拌边倒入蛋糕糊中。

8 拌匀的蛋糕糊倒入黄金烤盘中，用刮刀摸平，烤箱预热170℃烤13～15分钟取出倒扣放凉取出。

9 淡奶油加细砂糖打发，再加入60克板栗酱打匀，涂在蛋糕上。

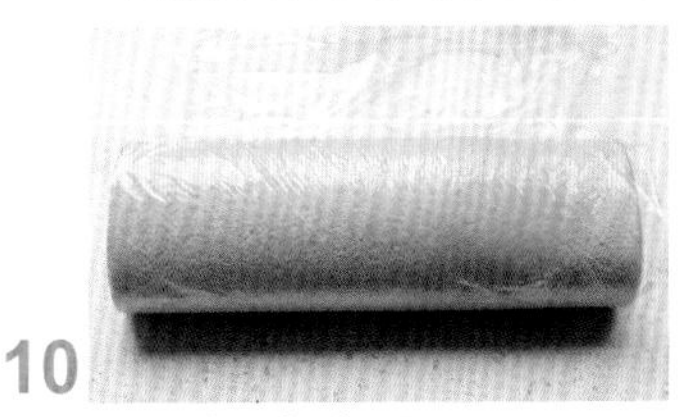

10 从一端卷起定型。

11 然后表面挤上板栗酱。

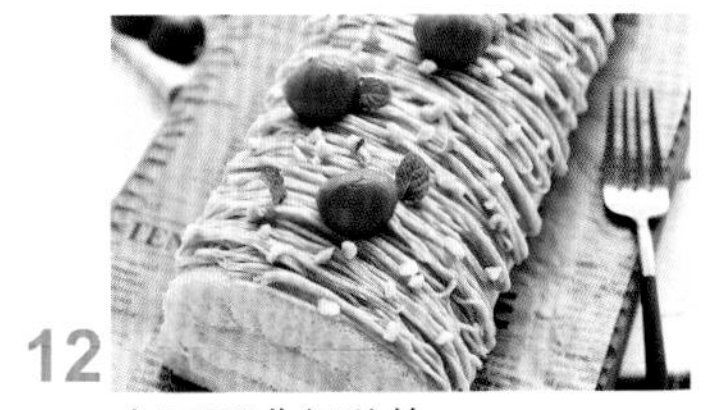

12 表面再进行装饰。

香蕉素杯蛋糕

香蕉素杯蛋糕

材料

- 香蕉……………………… 120克
- 鸡蛋……………………… 50克
- 低筋面粉………………… 100克
- 无铝泡打粉……………… 5克
- 山茶油…………………… 20克
- 原味酸奶………………… 50克
- 蔓越莓干………………… 50克

必备器具

搅拌盆、面粉筛、刮刀、碗、手动打蛋器、裱花袋、素纸杯。

小贴士

1.香蕉一定要用熟透那种，即表皮长黑斑点的，这种香蕉超甜，如果香蕉不甜需要增加糖量。
2.酸奶用自制的或买的原味的都可以。
3.蔓越莓干留一小部分放面糊表面，其余全部拌入面糊中。
4.温度和时间根据自家烤箱调整，用牙签戳入不沾面糊即熟。

所需时间
30分钟
难易度
★☆☆

1 鸡蛋打散后加入酸奶混合。

2 倒入山茶油拌匀。

3 倒入提前用料理机打成细泥状的香蕉泥拌匀。

4 将低筋面粉和泡打粉一起筛入蛋液中。

5 将蔓越莓干放入拌好的面糊中拌匀。

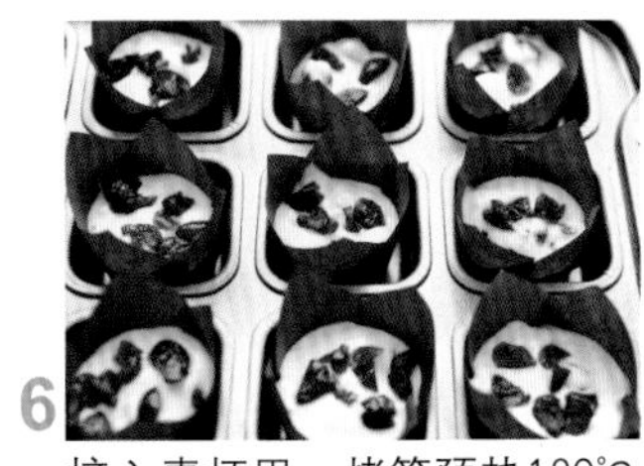

6 挤入素杯里，烤箱预热180℃烤25分钟左右。

凤梨酥砖

凤梨酥砖

☆ 酥粒材料

无盐黄油	40克
细砂糖	40克
杏仁粉	40克
普通面粉	40克

☆ 蛋糕材料

低筋面粉	150克
无盐黄油	60克
淡奶油	90克
鸡蛋	50克
细砂糖	40克
凤梨丁	150克
无铝泡打粉	5克
酥粒	适量

☆ 必备器具

搅拌盆、面粉筛、刮刀、手动打蛋器、碗、蛋糕模具。

使用模具：9cm×19cm。

☆ 小贴士

1. 黄油熔化后加入淡奶油和蛋液，都需要边加边搅拌。
2. 也可以改成小纸杯来烤。

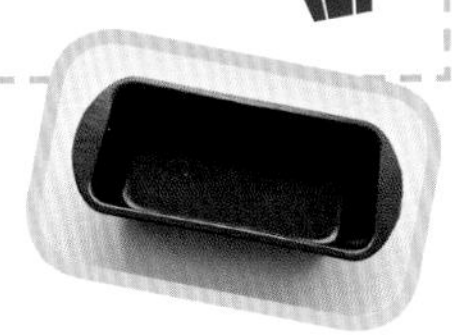

所需时间

70分钟

难易度

★☆☆

1 先制作酥粒，将室温软化的黄油切成小块后，加入杏仁粉。

2 再依次加入细砂糖和面粉。

3 用手搓成粗沙粒状的酥粒备用。

4 黄油熔化后倒入淡奶油拌匀。

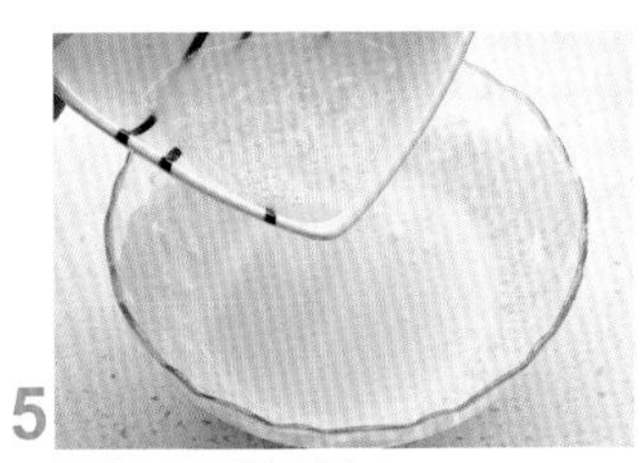

5 再加入蛋液拌匀。

6 加入细砂糖拌匀。

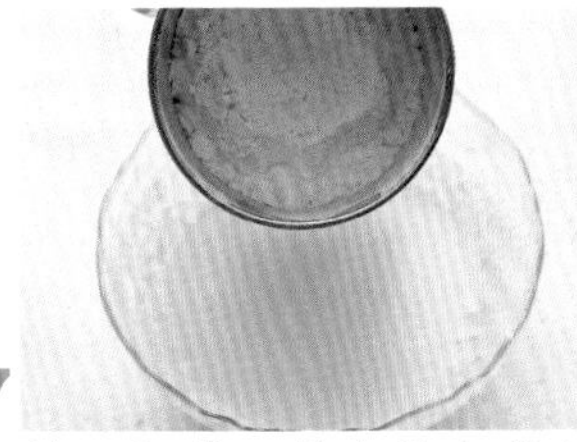

7 筛入低筋面粉和泡打粉拌匀。

8 倒入2/3的切成小丁的凤梨果肉拌匀。

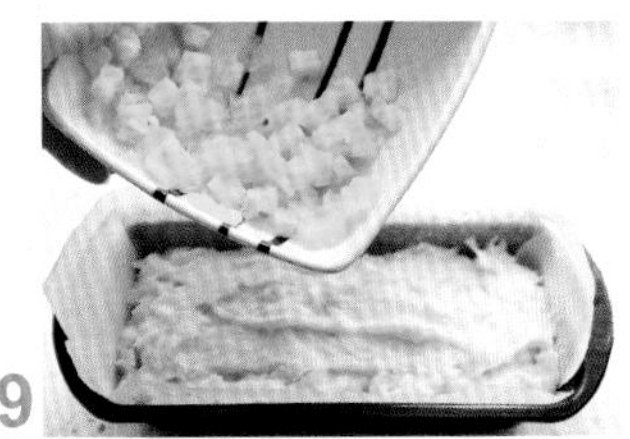

9 模具铺上油纸，倒入拌匀的面糊，上面铺上剩下的凤梨果肉丁。

10 表面撒上酥粒，烤箱预热180°C烤60分钟即可。

草莓糯米蛋糕

草莓糯米蛋糕

酥粒材料

糯米粉	100克
低筋面粉	40克
无盐黄油	60克
淡奶油	90克
鸡蛋	50克
草莓	120克
细砂糖	60克
无铝泡打粉	5克

必备器具

搅拌盆、面粉筛、刮刀、手动打蛋器、裱花袋、裱花嘴、碗、玻璃深烤盘。

使用模具：花形模具。

小贴士

1. 糖量可以根据草莓的口感增加。
2. 加入淡奶油和蛋液时，一定要边倒边搅拌。
3. 盛蛋糕糊的模具要用深一些的，加热膨胀后不易溢出。
4. 这款蛋糕趁热吃口感最佳。

所需时间
20分钟

难易度
★☆☆

1 黄油用微波炉加热1分钟至熔化。

2 倒入淡奶油拌匀。

3 倒入蛋液拌匀。

4 加入细砂糖50克。

5 糯米粉、低筋面粉、泡打粉混一起筛入拌匀的蛋奶液中拌成蛋糕糊。

6 草莓切丁加入10克细砂糖拌匀。

7 蛋糕糊分成两份，一份拌入草莓丁，一份装入带扁口花嘴的裱花袋中，放入冰箱静置1小时。

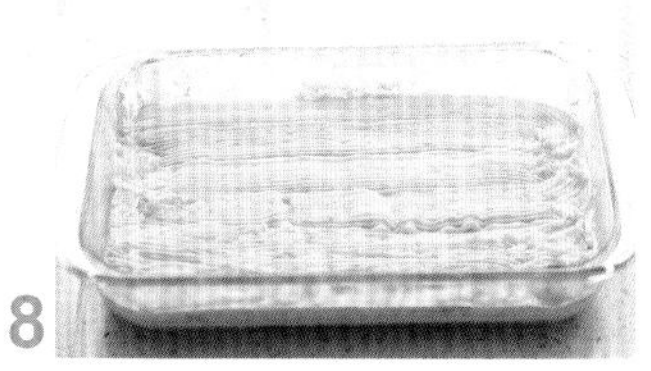

8 玻璃模具内涂一薄层黄油，把有草莓丁的蛋糕糊铺在里面抹平，再用裱花袋把蛋糕糊挤在上面。放入预热180℃的烤箱内烘烤约40分钟即可。

9 烤好后，可根据自己的喜好用不同形状的饼干模具切成形状各异的形状。

10 最后，放上草莓等水果进行装饰，筛上糖粉即可。

金宝顶蓝莓玛芬

金宝顶蓝莓玛芬

金宝酥粒材料

无盐黄油	10克
细砂糖	10克
杏仁粉	10克
低筋面粉	10克

玛芬蛋糕材料

无盐黄油	62克
淡奶油	90克
鸡蛋	1个
白砂糖	40克
低筋面粉	150克
无铝泡打粉	5克
蓝莓	65克

必备器具

搅拌盆、面粉筛、刮刀、手动打蛋器、锅、碗、硅胶蛋糕模具。

小贴士

1. 酥粒可以一次多做一些放在冰箱冷冻保存。
2. 融化的黄油加入鸡蛋混合中，要边加边不停地搅拌。
3. 蓝莓加入面糊要轻轻翻拌，不要弄碎蓝莓。

所需时间

30分钟

难易度

★☆☆

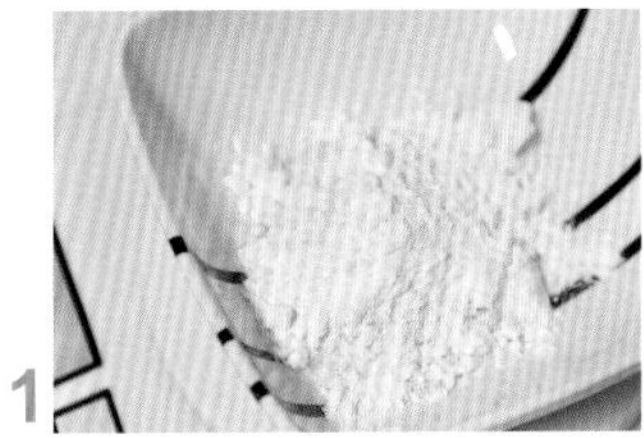

1 将酥粒材料全部放在一起，用指尖搓捏成粗沙粒状，放冰箱里冷藏。

2 黄油切成丁隔水融化。

3 低筋面粉、泡打粉一起过筛。

4 粉类中加入白砂糖拌匀备用。

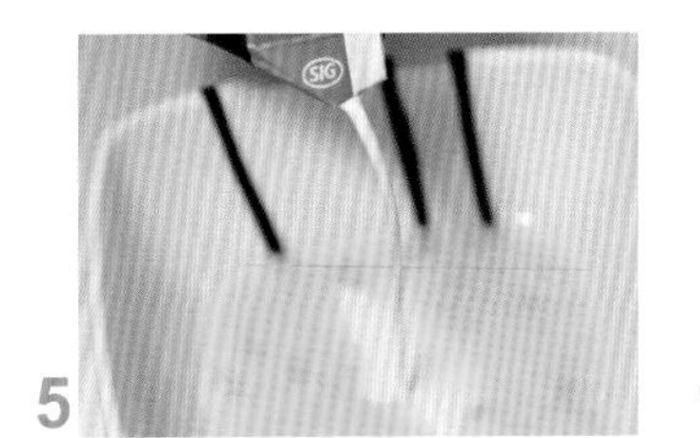

5 鸡蛋打散加入淡奶油打匀。

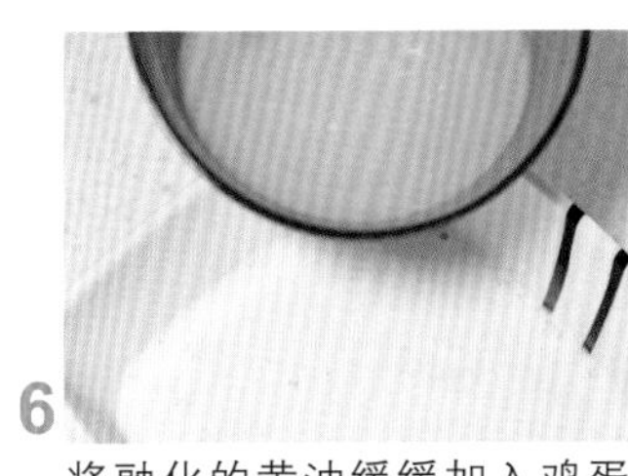

6 将融化的黄油缓缓加入鸡蛋混合液中。

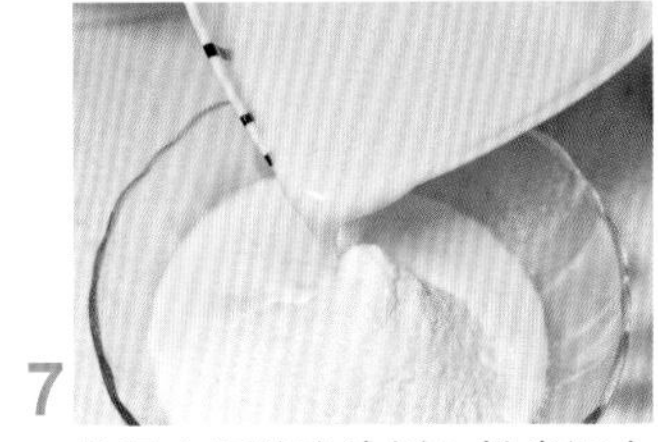

7 将混合好的液体倒入粉类混合物中充分拌匀成面糊。

8 将大部分蓝莓放进去翻拌均匀。

9 倒入模具装八分满，表面放余下的蓝莓。

10 蛋糕面糊顶部撒金宝酥粒。烤箱预热180℃，烤约20分钟即可。

酸奶樱桃蛋糕

酸奶樱桃蛋糕

☆ 材料

鸡蛋…………………… 4个
低筋面粉……………… 70克
玉米淀粉……………… 10克
山茶油………………… 45克
原味酸奶……………… 200克
细砂糖………………… 60克
小樱桃………………… 30克
柠檬汁………………… 数滴

☆ 必备器具

搅拌盆、鸡蛋分离器、面粉筛、刮刀、碗、电动打蛋器、蛋糕模具。
使用模具：8寸圆模。

☆ 小贴士

1.小樱桃提前洗好去核沥水备用，要轻轻地放进面糊，否则易下沉。
2.山茶油也可改成玉米油。
3.烤盘中放1/3模具的60℃热水，再把模具放进烤盘中，最好用固底不粘的模具。如果是活底的，底部要包好锡纸。
4.烤好的蛋糕在冰箱中放一晚再吃，味道会更好。

所需时间
100分钟
难易度
★★☆

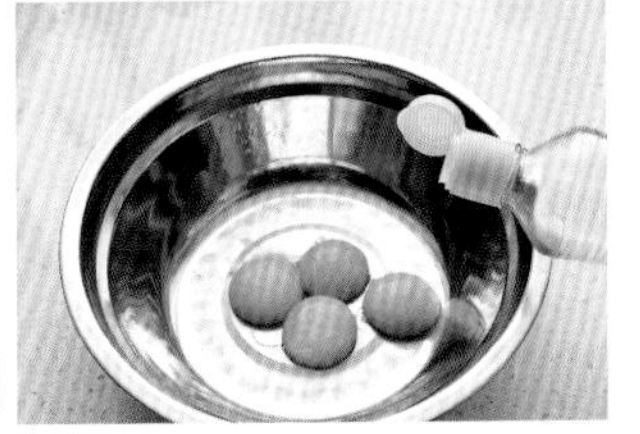

1 将鸡蛋蛋黄、蛋清分离，蛋黄中倒入山茶油拌匀。

2 倒入酸奶拌匀。

3 加入过筛的低筋面粉和淀粉拌成蛋黄糊备用。

4 蛋清打至鱼眼泡状态，加1/3的细砂糖，再挤入柠檬汁。

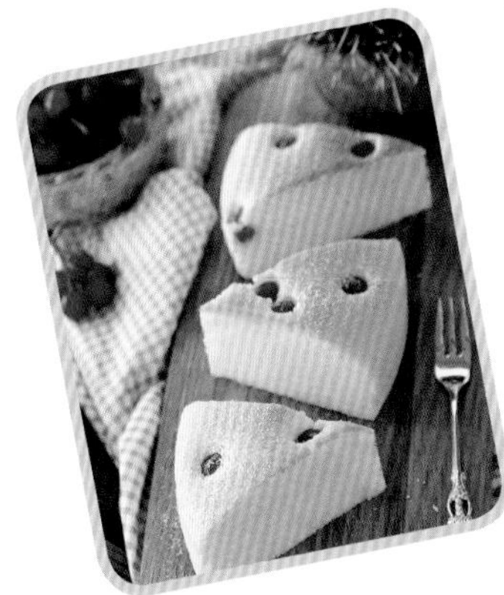

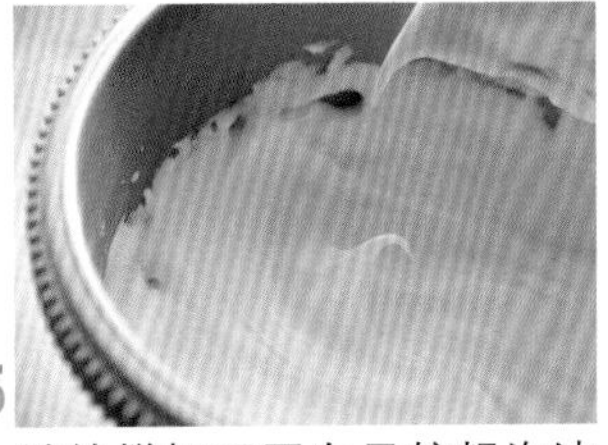

5 继续搅打至蛋白呈较粗泡沫时，再加入1/3的细砂糖，再继续搅打，至蛋白比较浓稠，表面出现纹路的时候，加入剩下的细砂糖，蛋白打至中性偏干打蛋器抬起呈小弯钩状即可。

6 取1/3蛋白至蛋黄糊中切拌均匀，再取1/3蛋白再拌匀，再倒回剩下的蛋白中继续切拌均匀。

7 把面糊倒入模具，轻振几下去除较大气泡。

8 表面撒上小樱桃果粒。放进预热160℃的烤箱中下层水浴烤70分钟。烘烤结束不要取出，放在烤箱中放30分钟后再取出轻轻地晃动模具脱模。

鲜果花环蛋糕

鲜果花环蛋糕

焦糖戚风材料

鸡蛋	4个
玉米油	35克
低筋面粉	70克
细砂糖	40克
焦糖液	60克

焦糖液材料

细砂糖	40克
水	1大匙
热水	50克

装饰材料

淡奶油	300克
水果	适量
细砂糖	22克

必备器具

搅拌盆、鸡蛋分离器、面粉筛、刮刀、锅、碗、电动打蛋器、手动打蛋器、抹刀、裱花袋。

使用模具：6寸圆模。

小贴士

1.温热的焦糖液加入蛋黄混合物中，要用打蛋器“Z”形拌匀使之乳化融合。

2.烘烤温度可根据自家烤箱调节。

所需时间 80分钟

难易度 ★★☆

1 先制作焦糖液，白砂糖倒入小锅内，加一大匙清水用中火煮至糖液呈现金黄色变得浓稠后离火。

2 再慢慢倒入热水搅拌均匀成焦糖液。

3 蛋清、蛋白分离，蛋黄中倒入玉米油。

4 加入温热的焦糖液，与蛋黄混合至乳化融合。

5 倒入过筛低筋面粉搅拌均匀。

6 蛋白分3次加入细砂糖打发至呈小尖角，取1/3打好的蛋白在蛋黄糊中切拌均匀。

7 将蛋黄糊倒入剩余的蛋白中切拌均匀，倒入模具中振两下，烤箱170℃预热，用150℃烤55分钟。

8 凉透的蛋糕从中间分成两片。

9 中间涂上打发好的奶油。再将切好的草莓放上去。

10 盖上另一片蛋糕，表面抹平打发好的淡奶油，用水果放在蛋糕周边，摆成花环形状即可。

抹茶蛋糕卷

抹茶蛋糕卷

蛋糕材料

鸡蛋……………………4个
细砂糖…………………40克
玉米油…………………40克
低筋面粉………………40克
牛奶……………………40克
抹茶粉…………………6克

内馅材料

淡奶油…………………200克
细砂糖…………………30克
抹茶粉…………………5克

必备器具

搅拌盆、面粉筛、刮刀、手动打蛋器、电动打蛋器、黄金烤盘。

小贴士

1. 鸡蛋选择每个60克的大鸡蛋。
2. 蛋黄糊中筛入低筋面粉不要过分搅拌，只要无干粉颗粒状就可以。
3. 淡奶油加糖、抹茶粉打发至出现纹路，并且不流动的状态，再涂在蛋糕上。

所需时间
40分钟
难易度
★★☆

1 蛋黄和蛋白分开。

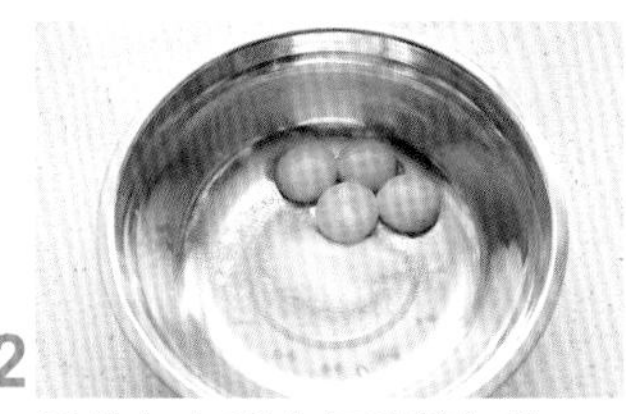

2 蛋黄加入10克细砂糖打散。

3 蛋黄加入玉米油搅拌均匀。

4 抹茶粉和牛奶混合均匀成抹茶混合液。

5 抹茶混合液倒入蛋黄中拌匀。

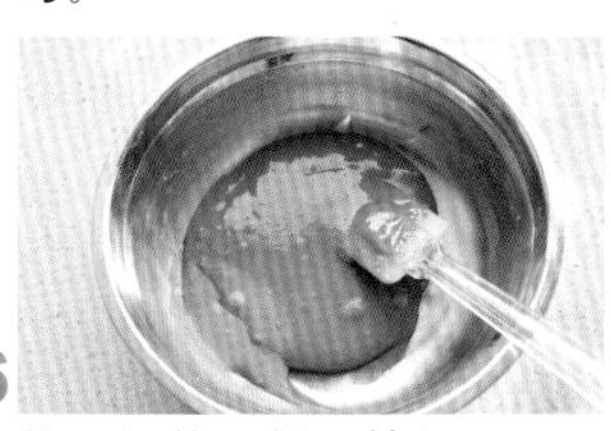

6 筛入低筋面粉，拌匀至无干粉颗粒状。

7 蛋白打至有粗泡，30克细砂糖分3次加入。

8 打至提起呈鸟嘴弯状态。

9 取1/3打好的蛋白加入蛋黄糊中切拌均匀。

10 再倒回剩下的蛋白中切拌均匀。

11 倒入黄金烤盘，振几下，用刮板抹平，烤箱预热170℃烤13～15分钟。

12 烤好的蛋糕倒扣在油纸上放凉脱模。淡奶油加糖、抹茶粉打发好涂在蛋糕上。从一端卷起定型，表面挤上抹茶奶油，用水果装饰一下。

培根咸麦芬

培根咸麦芬

☆ 材料

培根……………………300克
吐司……………………3片
鸡蛋……………………6个
芝士碎…………………适量
黑胡椒…………………少许

☆ 必备器具

锅、饼干圆模具、麦芬模具。
使用模具：6连模。

☆ 小贴士

1. 培根不要煎太久，略黄即可。
2. 烘烤温度和时间可以根据自家烤箱调整。

所需时间
25分钟
难易度
★☆☆

1 锅里不用放油，直接将培根煎至两面略黄。

2 吐司片用小圆模具切成圆形备用。

3 培根围在麦芬模具内。

4 放入吐司圆片。

5 放入芝士碎。

6 加入鸡蛋。

7 撒上黑胡椒粉。烤箱预热190℃烤15～20分钟即可。

酸奶草莓杯子蛋糕

酸奶草莓杯子蛋糕

蛋糕材料

无盐黄油	70克
酸奶	60克
细砂糖	80克
蛋液	80克
低筋面粉	185克
无铝泡打粉	5克
奶油奶酪	30克
切小粒的草莓	70克

装饰材料

草莓	100克
淡奶油	200克
细砂糖	20克

必备器具

搅拌盆、面粉筛、刮刀、碗、电动打蛋器、裱花袋、纸杯、蛋糕模具。

使用模具：12连模。

小贴士

1.奶油奶酪要软化至半融化状态。

2.生草莓酱不要含有过多的水分。

所需时间

50分钟

难易度

★☆☆

1 酸奶中加入细砂糖拌匀。

2 倒入蛋液搅拌均匀，再倒入融化的黄油和软化的奶油奶酪打发顺滑。

3 加入过筛的低筋面粉和泡打粉拌至无干粉。

4 加入切好的草莓粒拌匀。

5 裱花袋剪大口，装入拌好的面糊，挤到纸杯放入模具。

6 烤箱预热180℃，烘烤20～25分钟取出放凉。

7 淡奶油倒入打蛋盆中，加入细砂糖打至八分发。将草莓切小块用纱布挤去水分制成生草莓酱，加入打发的淡奶油中拌匀。

8 再装入裱花袋里挤到蛋糕上，装饰草莓即可。

奶油酱玛德琳蛋糕

所需时间
110分钟
难易度
★★★

☆ 必备器具

搅拌盆、面粉筛、刮刀、手动打蛋器、电动打蛋器、戚风圆模具。

使用模具：6寸圆模、硅胶玛德琳模具。

☆ 小贴士

1.煮好的奶油酱可以倒入消毒晾干的玻璃瓶中，放冰箱冷藏保存。

2.做好的奶油酱玛德琳直接吃就很美味。

3.酪乳，用20克柠檬汁混合110克牛奶，混合后不用搅拌，静置放30分钟即可用。

奶油酱玛德琳蛋糕

☆ 奶油酱材料

材料	用量
淡奶油	200克
牛奶	250克
柠檬汁	适量
细砂糖	110克

☆ 奶油酱玛德琳材料

材料	用量
低筋面粉	50克
蛋液	40克
奶油酱	30克
糖粉	20克
无盐黄油	40克
蔓越莓干	15克
无铝泡打粉	1克

☆ 红丝绒蛋糕材料

材料	用量
低筋面粉	140克
无盐黄油	60克
细砂糖	80克
鸡蛋	50克
红曲粉	15克
可可粉	10克
酪乳	130克
无铝泡打粉	4克
香草精	数滴

1 先制作奶油酱，在一口大锅里依次倒入牛奶、细砂糖、淡奶油、柠檬汁，用小火持续加热。

2 加热至开始沸腾时，用木铲慢慢地搅拌，大约30分钟离火，喜欢色深一些的可以多煮10分钟，制成奶油酱备用。

3 开始制作奶油酱玛德琳，将鸡蛋打散，放入糖粉和奶油酱拌匀。

4 将低筋面粉、泡打粉筛入拌匀，倒入提前融化的黄油拌匀。

5 放入切碎的蔓越莓干拌成面糊，放冰箱冷藏静置1小时。

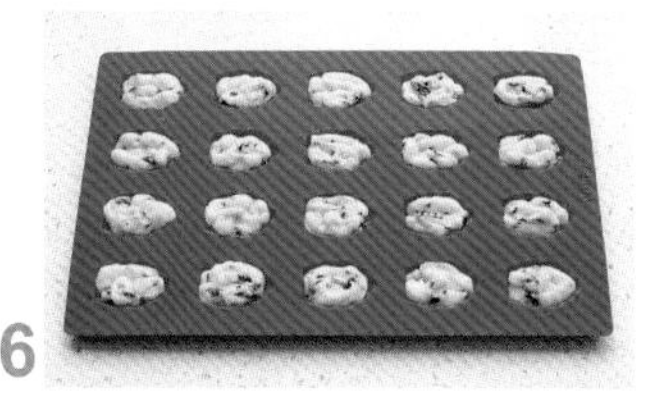

6 取出面糊装入裱花袋挤到模具里，烤箱预热150℃中层烤13分钟左右。

7 要制作红丝绒蛋糕，先制作酪乳，将柠檬取汁，倒入牛奶静置半小时左右即可。

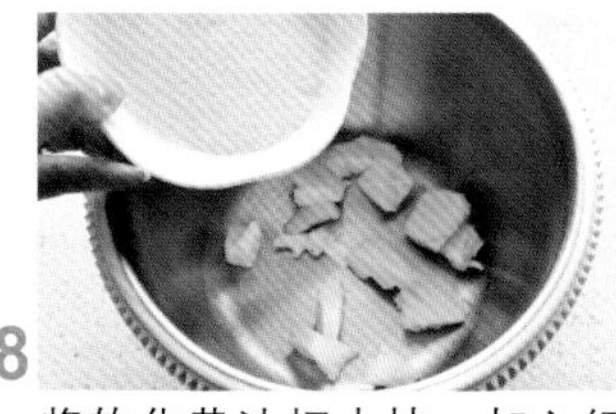

8 将软化黄油切小块，加入细砂糖打发顺滑。

9 分次加入蛋液充分打发。

10 将红曲粉、可可粉、低筋面粉、泡打粉过筛拌匀。

11 取1/3粉类拌入打发好的黄油中。

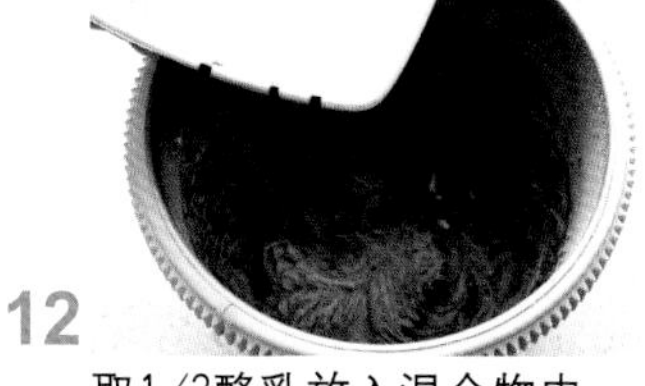

12 取1/3酪乳放入混合物中。

13 共分3次把酪乳和粉轮流加入切拌均匀，倒入6寸圆模，烤箱预热160℃，中下层烤40分钟左右，取出倒扣放凉。

14 将红丝绒蛋糕体涂上打发好的奶油。上面摆上玛德琳，装饰草莓，外围一层巧克力片装饰。

圣诞老人蛋糕

圣诞老人蛋糕

☆ 巧克力烫面戚风材料

鸡蛋	5个
细砂糖	100克
牛奶	60克
玉米油	60克
黑巧克力	85克
低筋面粉	80克
可可粉	15克
柠檬汁	少许

☆ 装饰材料

草莓	8颗
淡奶油	300克
细砂糖	24克
溶化黑巧克力	适量

☆ 必备器具

搅拌盆、鸡蛋分离器、面粉筛、刮刀、锅、碗、电动打蛋器、手动打蛋器、抹刀、裱花袋。

使用模具：8寸圆模。

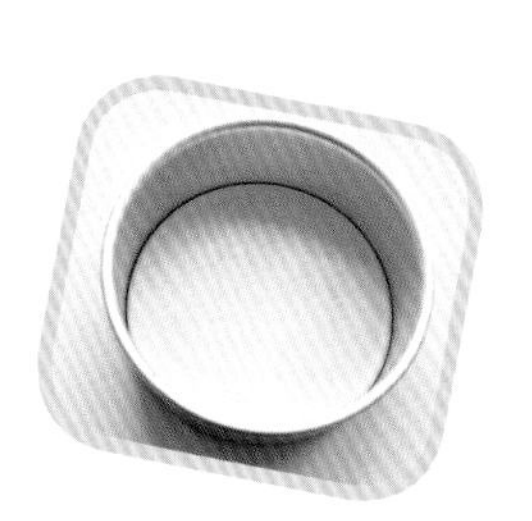

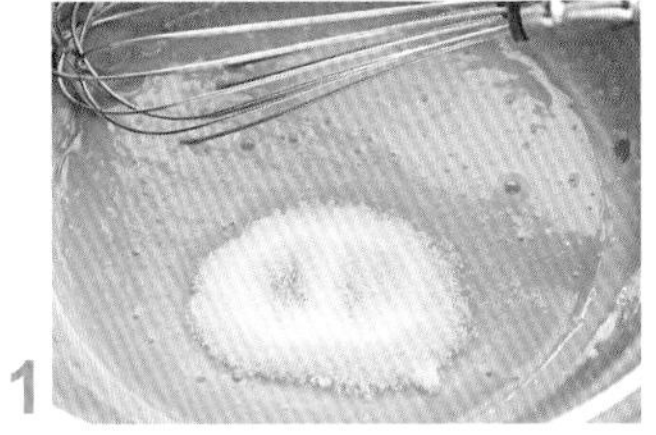

1 蛋黄加入细砂糖20克打发至浓稠待用。

2 牛奶里加入玉米油混合。

3 将混合的牛奶和玉米油隔水搅拌煮热。

4 低筋面粉、可可粉过筛，加热好的牛奶和玉米油混合物离火，倒入粉类快速搅拌均匀成为烫面团，将蛋黄糊一半倒入拌匀。

5 再倒回剩下的蛋黄糊中继续拌匀。

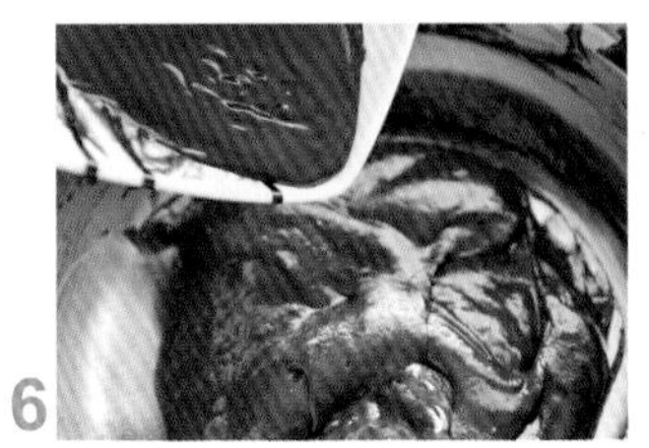

6 黑巧克力隔水融化加入拌好的蛋黄糊中。

7 把蛋白打至粗泡加入40克细砂糖和几滴柠檬汁，继续打至蛋白呈现细腻再加入40克细砂糖，继续打至硬性发泡。

8 取1/3打发的蛋白与蛋黄糊切拌均匀，翻拌均匀后，将全部蛋黄糊倒入剩余的蛋白霜里，从底向上翻拌均匀成为戚风面糊。

圣诞老人蛋糕

☆ 小贴士

1. 此方是8寸活底圆模具。
2. 蛋糕一定要放凉至完全凉透再操作。

9 面糊倒入模具振几下，烤箱预热150℃烤60分钟左右取出倒扣。

10 完全凉透的蛋糕脱模，再平均分成3片。

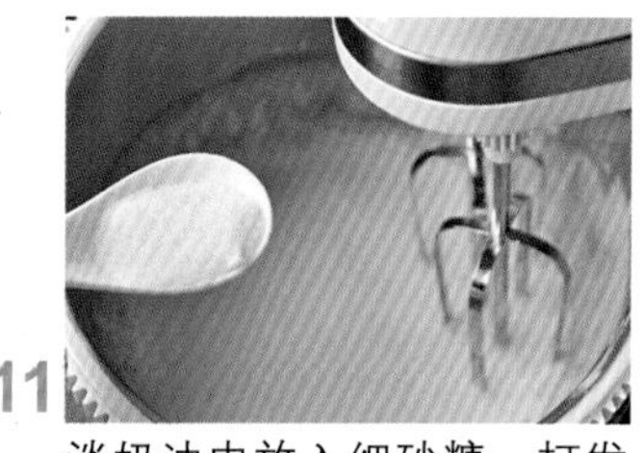

11 淡奶油中放入细砂糖，打发至顺滑。

12 取一片蛋糕上面涂抹上厚厚的淡奶油，再盖上一片，再涂上厚厚的淡奶油，这样重复把3层蛋糕叠高，每层淡奶油边缘自然下落。

13 草莓切顶部。

14 把剩下的淡奶油装入裱花袋中挤到草莓的切面上当作圣诞老人头部。

15 再把切下的顶部盖上去当帽子。

16 用巧克力给圣诞老人画上眼睛和嘴巴，再装饰到做好的用淡奶油装饰的蛋糕上。

所需时间
85分钟

难易度
★★★

公主泡泡浴蛋糕

公主泡泡浴蛋糕

☆ 戚风蛋糕材料

鸡蛋……………………2个
细砂糖…………………35克
（蛋黄中10克、蛋白中20克）
牛奶……………………25克
植物油…………………20克
低筋面粉………………35克

☆ 装饰材料

公主娃娃………………1个
红心火龙果汁…………适量
草莓……………………80克
芒果……………………80克
淡奶油…………………400克
细砂糖…………………40克

☆ 必备器具

搅拌盆、黄金烤盘、鸡蛋分离器、面粉筛、刮刀、锅、碗、电动打蛋器、手动打蛋器、油纸、抹刀、保鲜膜、裱花袋、裱花嘴，散热架。
使用模具：6寸活底圆模具。

1 鸡蛋用分离器分出蛋黄与蛋白。蛋黄放入无水、无油的容器中，先加入10克细砂糖，用手动打匀。

2 再加入牛奶充分搅拌，使细砂糖溶化。

3 加入植物油，搅拌使其乳化。

4 加入过筛的低筋面粉，用画“Z”字或“N”字的手法搅拌。

5 开始打发蛋白，蛋白放入打蛋器中，用低速挡打发蛋白，打至蛋白出现“鱼眼泡”时加入剩余细砂糖的1/3。用中高速打发蛋白成半固体状时加入另外1/3的细砂糖。继续打发蛋白出现明显的纹路时，加入剩下的细砂糖。

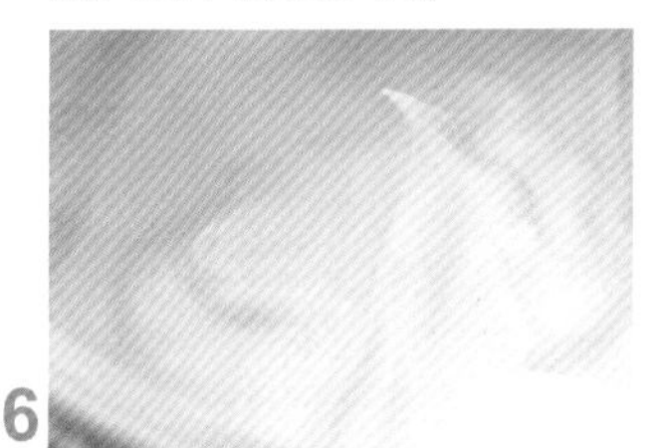

6 转低速打发至提起打蛋器，蛋白出现小弯勾即可。

7 将烤箱内的烤架放在烤箱的最下层。烤箱上下火调至170℃进行预热。同时，将打发好的1/3的蛋白倒入装有蛋黄的容器内，用切拌和翻拌的方法快速拌匀。

8 将拌匀好的面糊倒入剩下2/3的蛋白容器内，用同样的方法快速拌匀。

小贴士

1.做戚风蛋糕的鸡蛋，每个连皮重约65克。

2.做戚风蛋糕时和面糊，手法不能用画圈的方法搅拌，那样容易使面糊出筋。

3.蛋糕分成3层后，从最下面一层开始按娃娃大小来切口，越上面的切口越小。

4.可将娃娃的身体下部分用保鲜膜包起来。

5.红心火龙果汁加入多少，可根据自己喜欢颜色的深浅来决定。

所需时间

110分钟

难易度

★★★

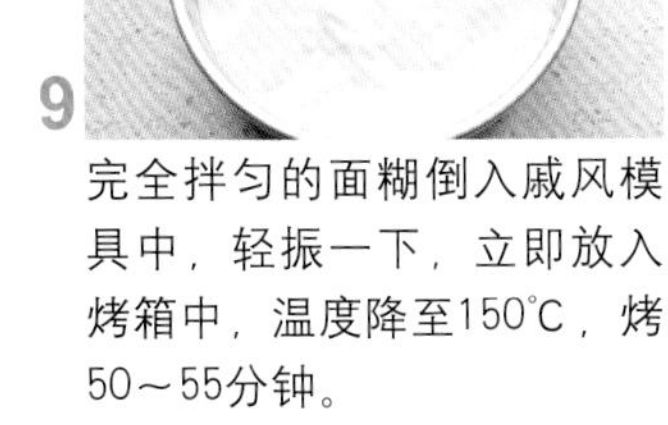

9 完全拌匀的面糊倒入戚风模具中，轻振一下，立即放入烤箱中，温度降至150℃，烤50～55分钟。

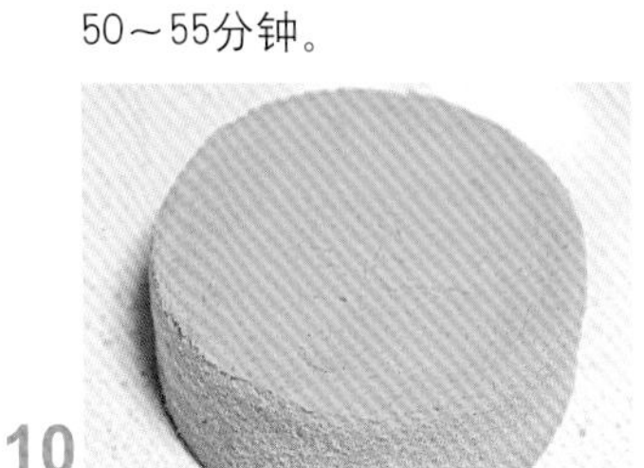

10 烤好后取出，从20厘米的高度自由落下，振出蛋糕组织内部的空气。立即倒扣在散热架上，使其自然冷却后进行落模即可。

11 将戚风蛋糕平均分成3片，中间按娃娃的大小切割出一个洞，最下面一层的切口最大。

12 最下面那层蛋糕涂抹上打发好的淡奶油，放上一层切好的草莓丁，再涂抹一层淡奶油。

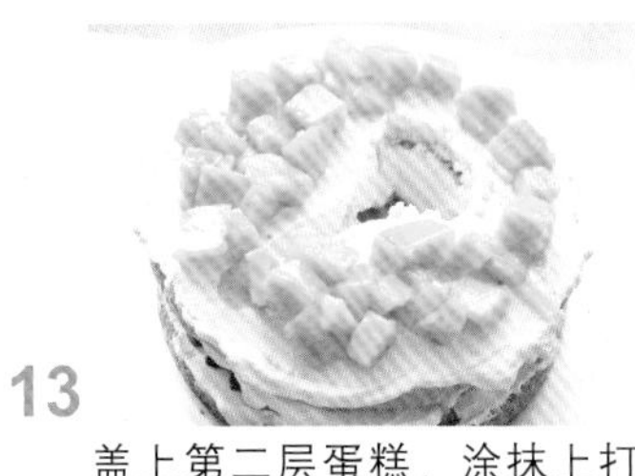

13 盖上第二层蛋糕，涂抹上打发好的淡奶油，放上一层杧果丁，再涂抹一层淡奶油。

14 再盖上最后一层蛋糕，将娃娃按上去。

15 蛋糕表面和四周用淡奶油抹平。

16 取一部分打发好的淡奶油，加入少许红心火龙果汁拌匀成粉色奶油，装裱花袋，随意挤出弯弯的条状。再随意挤上一些白色的奶油点点装饰即可。

蔓越莓玛德琳蛋糕

蔓越莓玛德琳蛋糕

蛋糕材料

- 低筋面粉……………… 50克
- 细砂糖………………… 45克
- 鸡蛋…………………… 1个
- 无盐黄油……………… 50克
- 无铝泡打粉…………… 3克
- 咖啡…………………… 5克
- 蔓越莓干……………… 15克

必备器具

搅拌盆、面粉筛、刮刀、手动打蛋器、锅、碗、玛德琳模具。

使用模具：玛德琳模具。

小贴士

1. 鸡蛋加入细砂糖后多搅拌一会儿，至细砂糖差不多溶化最佳。
2. 模具装至八九分满。

所需时间

80分钟

难易度

★☆☆

1 将蔓越莓干切好。

2 鸡蛋打散，加入细砂糖拌匀。

3 放入蔓越莓碎。

4 加入泡好的咖啡拌匀。

5 筛入过筛的低筋面粉和泡打粉拌匀。

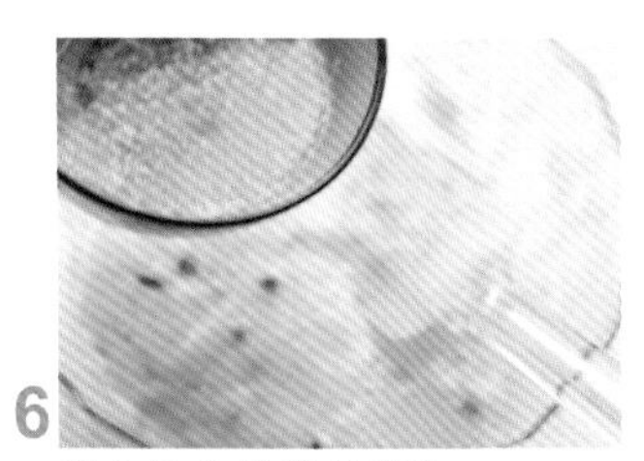

6 倒入熔化的黄油拌匀。

7 盖上保鲜膜放冰箱冷藏静置1小时。

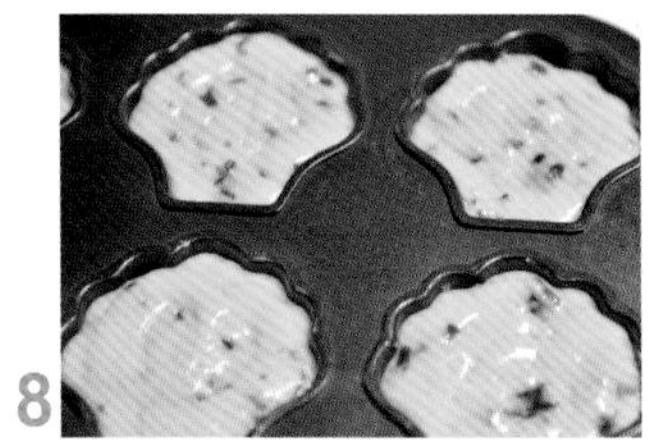

8 模具涂抹一层薄薄的黄油，再把面糊挤到模具中，烤箱预热180℃烤10～15分钟即可。

心形费南雪

心形费南雪

☆ 蛋糕材料

低筋面粉……………… 60克
杏仁粉……………… 50克
鸡蛋……………… 2个
无盐黄油……………… 120克
细砂糖……………… 35克
杏仁片……………… 适量

☆ 必备器具

搅拌盆、面粉筛、刮刀、碗、锅、电动打蛋器、手动打蛋器、裱花袋、心形蛋糕模具。

使用模具：心形蛋糕模具。

☆ 小贴士

1.蛋液打发要充分。

2.将过筛的低筋面粉和杏仁粉分次加入打发好的蛋液中，每次充分打搅均匀。

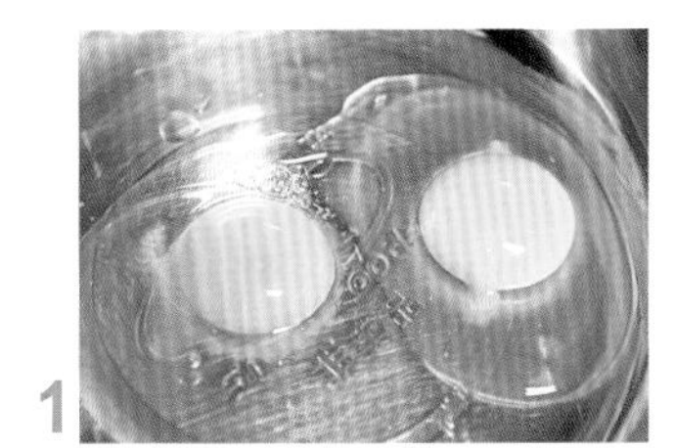

1 将鸡蛋打散。

2 加入细砂糖，用打蛋器打发起泡。

3 将低筋面粉和杏仁粉过筛。

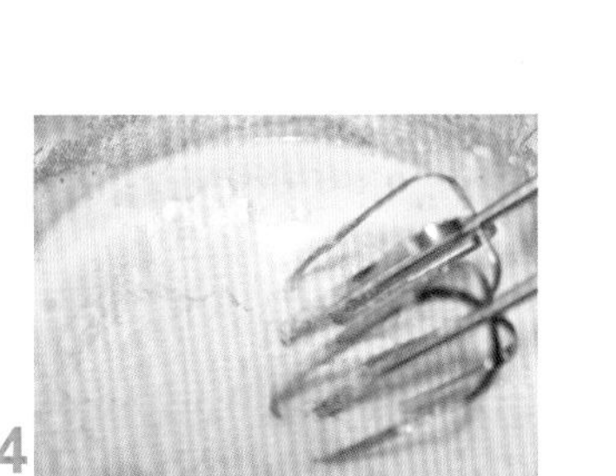

4 过筛的低筋面粉和杏仁粉，分次加入打发好的蛋液中。

5 黄油隔水融化，分两次慢慢倒入面糊中，用橡皮刀拌匀充分融合。

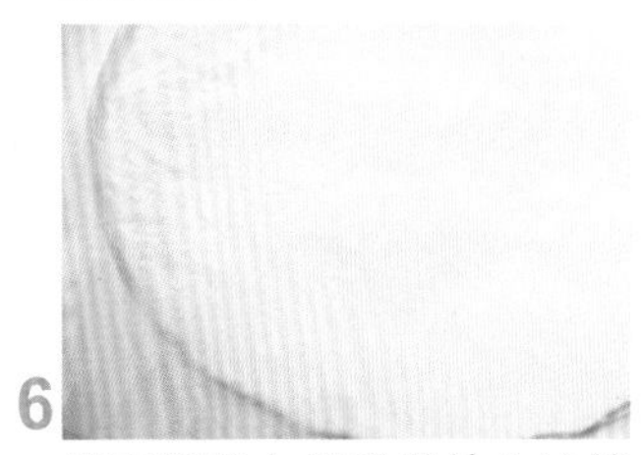

6 将面糊盖上保鲜膜放入冰箱冷藏2小时。

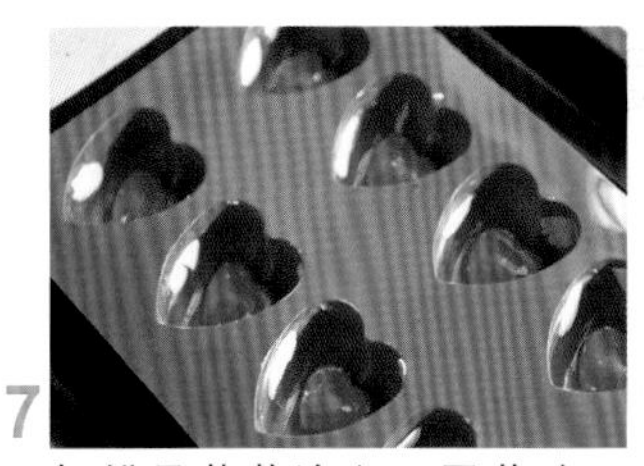

7 把模具薄薄涂上一层黄油，沾上杏仁片备用。

8 取出面糊装入裱花袋中挤到模具中约八分满，烤箱预热180℃烤20分钟左右即可。

所需时间
150分钟
难易度
★☆☆

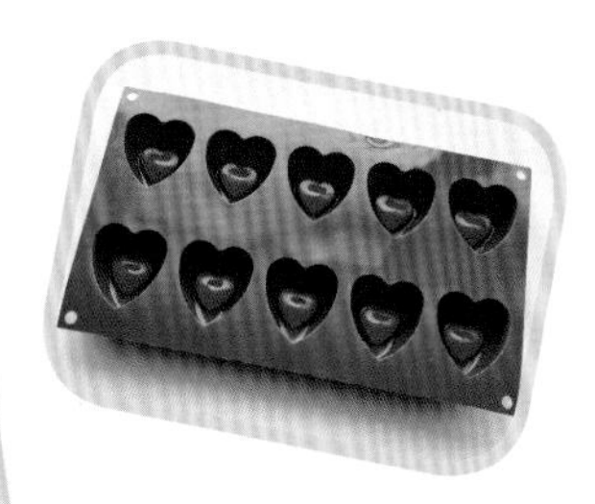

生姜枫糖玛德琳

生姜枫糖玛德琳

☆ 蛋糕材料

鸡蛋	50克
糖粉	25克
枫糖	20克
低筋面粉	45克
泡打粉	3克
生姜粉	2克
盐	1克
香草精	少许
无盐黄油	50克

☆ 必备器具

搅拌盆、面粉筛、刮刀、碗、锅、裱花袋、玛德琳模具。
使用模具：玛德琳模具。

☆ 小贴士

1. 如果没有枫糖，可以改成蜂蜜。
2. 中间可以加盖锡纸以免上色过重。

所需时间
80分钟
难易度
★☆☆

1 鸡蛋打散，加入糖粉拌匀。

2 加入枫糖混合均匀。

3 加入香草精拌匀。

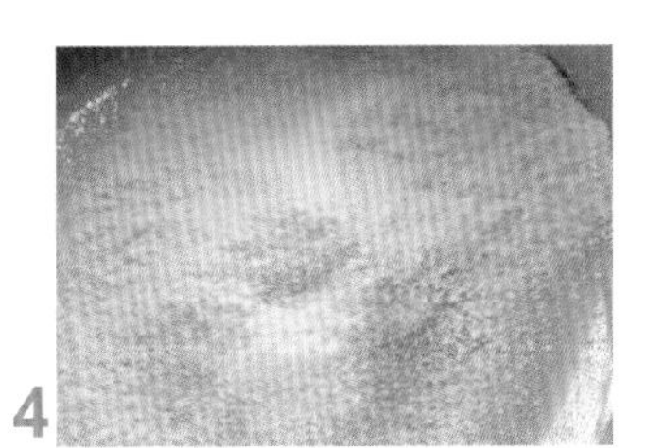

4 加入过筛的低筋面粉和泡打粉。

5 加入生姜粉。

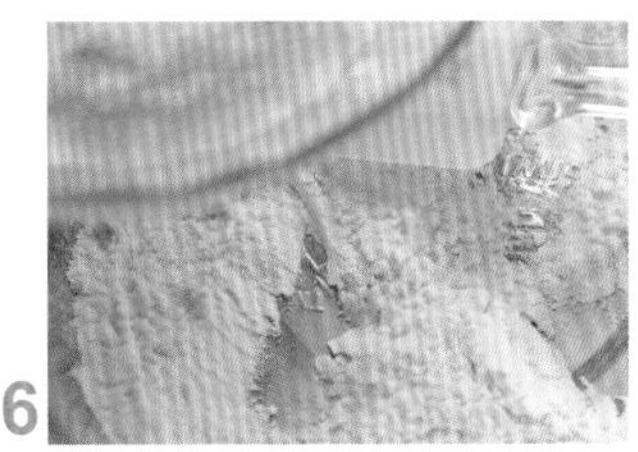

6 将蛋液倒入粉类拌匀。

7 再倒入融化的黄油继续拌匀，盖上保鲜膜静置1小时。

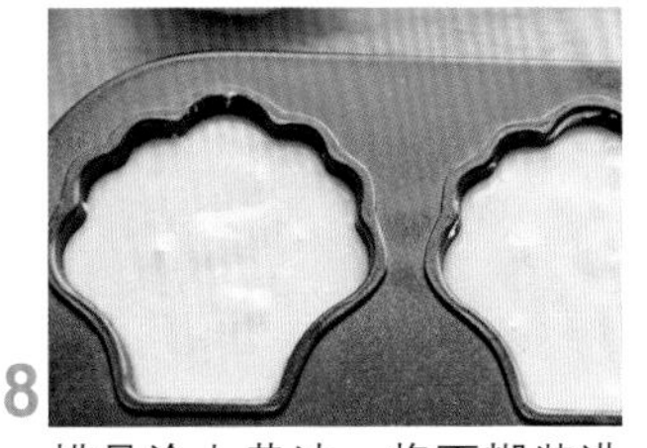

8 模具涂上黄油，将面糊装进裱花袋，挤进模具至九分满，烤箱预热180℃烤10～15分钟即可。

北海道戚风蛋糕
I Love Bakery

北海道戚风蛋糕

☆ 松饼材料

鸡蛋…………………… 4个
低筋面粉……………… 35克
细砂糖………………… 65克
植物油………………… 30克
牛奶…………………… 30克

☆ 必备器具

搅拌盆、鸡蛋分离器、面粉筛、橡皮刮刀、电动打蛋器、手动打蛋器、纸杯、裱花袋、裱花嘴。

☆ 小贴士

1. 蛋黄加入植物油后要用"Z"字形手法打匀使其乳化。
2. 蛋黄加入低筋面粉后搅拌至无干粉颗粒就好，不要搅拌过度。
3. 打好的蛋白和蛋黄糊混合后，要用切拌手法快速拌匀，否则易消泡。

所需时间
35分钟
难易度
★★☆

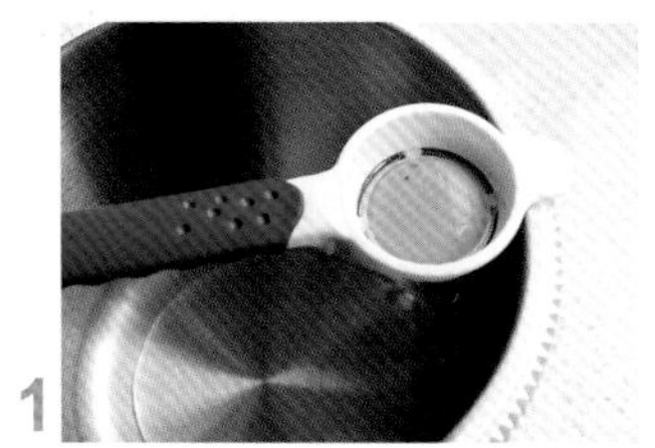

1 将鸡蛋的蛋白和蛋黄分离。

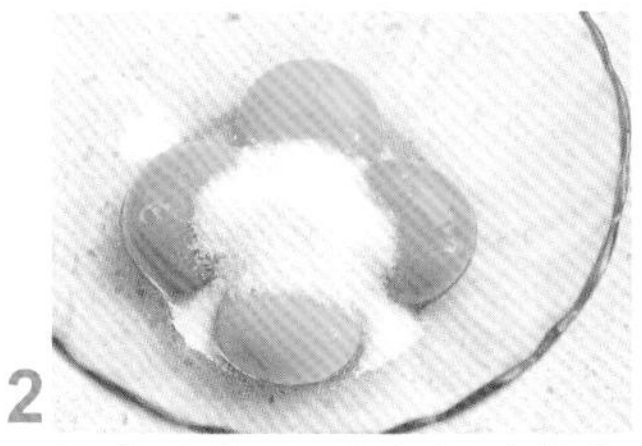

2 蛋黄中加入20克细砂糖打匀。

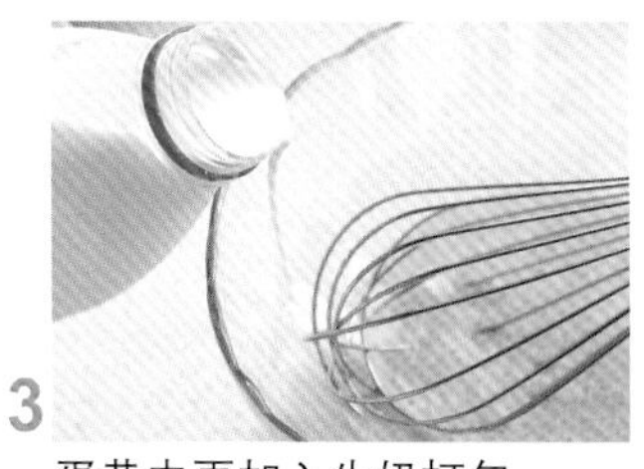

3 蛋黄中再加入牛奶打匀。

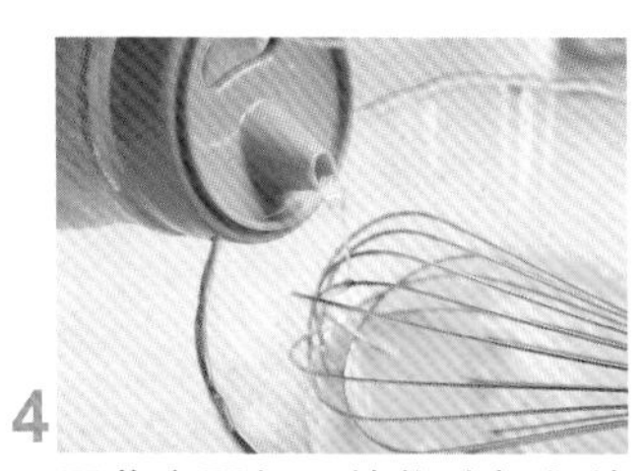

4 蛋黄中再加入植物油打匀并乳化。

5 将低筋面粉筛入蛋黄糊并搅拌至均匀无干粉颗粒。

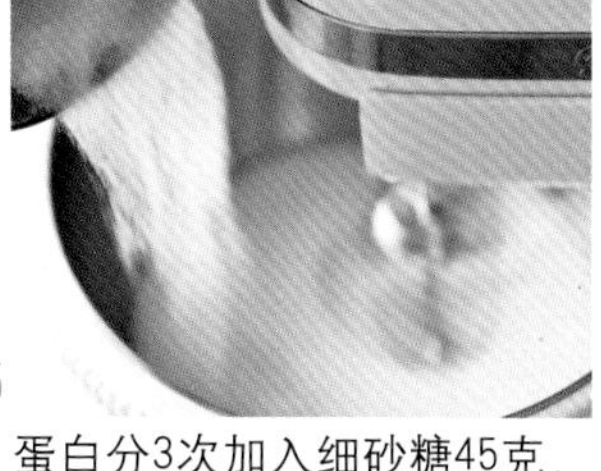

6 蛋白分3次加入细砂糖45克，并打发到可以拉出弯弯尖角的湿性发泡的状态。

7 将1/3蛋白加入蛋黄面糊中，用橡皮刮刀切拌均匀。

8 再把拌匀的面糊和剩下的蛋白混合，继续用橡皮刮刀切拌均匀。

9 拌好后的面糊装入纸杯至六分满。烤箱预热180℃烤15分钟左右，至表面金黄即可出炉。

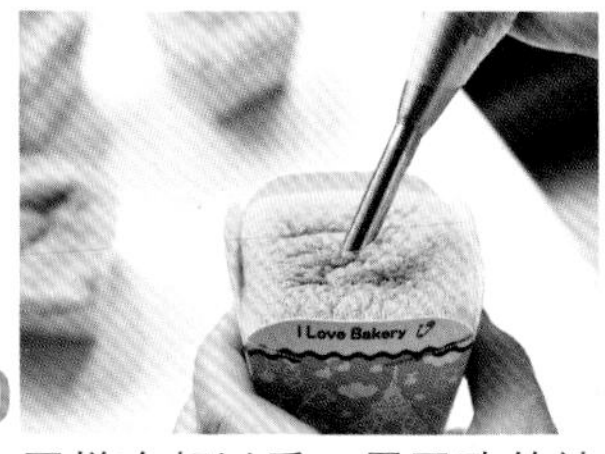

10 蛋糕冷却以后，用圆孔的裱花嘴从中间插入蛋糕内部，在内部挤入香草奶油馅或冰淇淋，最后在蛋糕表面撒一些糖粉。

烫面香橙戚风蛋糕

烫面香橙戚风蛋糕

☆ 蛋糕体材料

鸡蛋……………………… 5个
橙汁……………………… 70克
玉米油…………………… 40克
乳酪……………………… 40克
橙皮屑…………………… 6克
低筋面粉………………… 90克
细砂糖…………………… 70克

☆ 必备器具

搅拌盆、鸡蛋分离器、面粉筛、刮刀、锅、碗、电动打蛋器、手动打蛋器、纸中空模具。

☆ 小贴士

1.蛋黄要先打，加入糖打一会儿让糖充分溶化。
2.建议放在中下层，以防止蛋糕膨胀后顶部距离加热管太近被烤煳了。
3.烘烤温度和时间要按自家烤箱来调整，中间不要开门盖锡纸，否则容易瞬间变塌。
4.烤好以后必须立即摔模并倒扣，然后放凉，蛋糕在凉透之前一定不要着急脱模。

所需时间
80分钟
难易度
★★☆

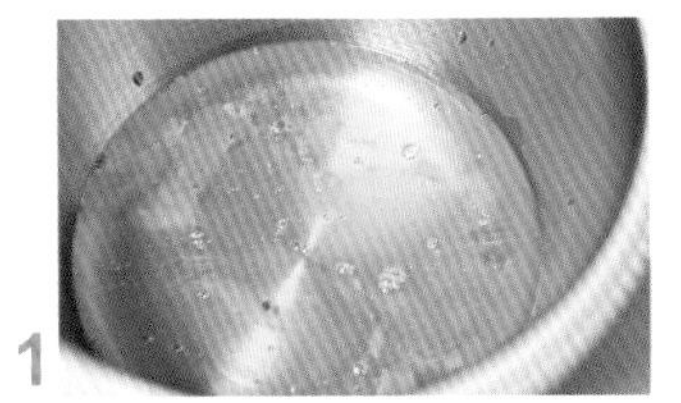

1 将鸡蛋蛋黄和蛋白分离。

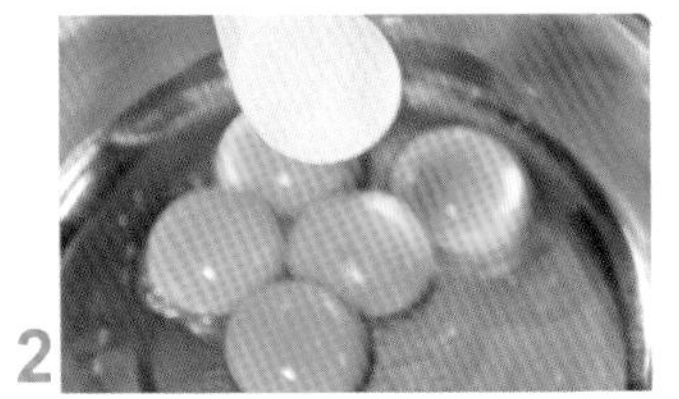

2 蛋黄里加入20克细砂糖拌匀。

3 橙子取汁、橙皮屑备用。

4 橙汁里依次加入玉米油、软化的乳酪拌匀成混合液。

5 混合液隔水加热至65℃。

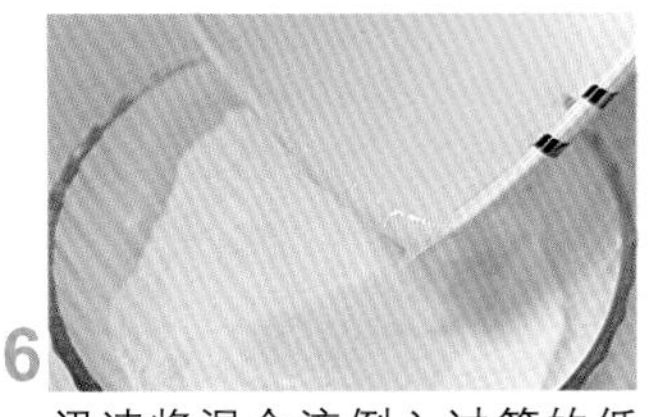

6 迅速将混合液倒入过筛的低筋面粉中拌匀至无颗粒状。

7 将橙皮屑加入蛋黄中拌匀。

8 倒入烫好的低筋面粉面团切拌均匀。

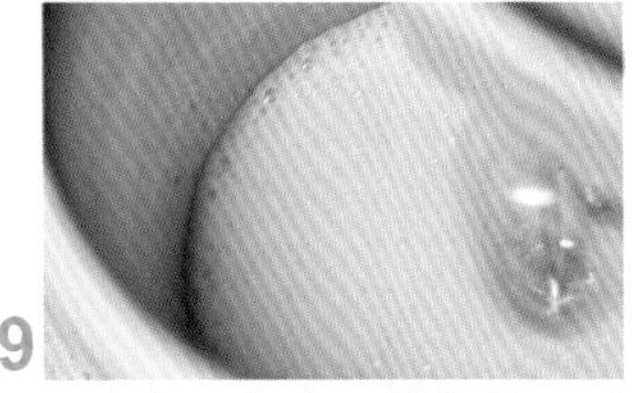

9 蛋白打至粗泡开始加糖，50克细砂糖分3次加入。

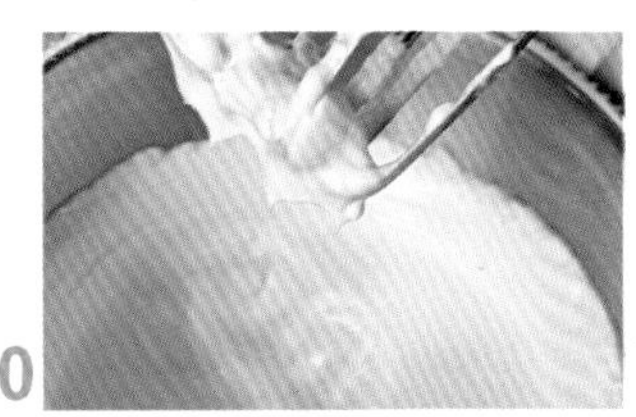

10 蛋白打发至呈小尖角的湿性偏硬状态。

11 将打好的蛋白取1/3加入到拌好的蛋黄糊中切拌匀。

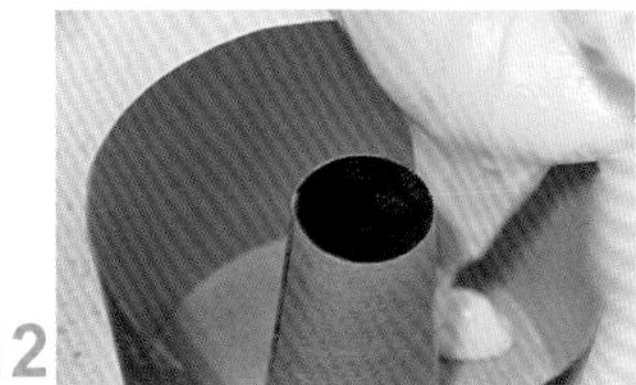

12 再倒回剩余的蛋白振两下。烤箱预热160℃，放入蛋糕糊后再调至150℃，烘烤50～60分钟。

苏苏的烘焙心得——戚风蛋糕篇

怎样才能烤出外形与口感都完美的戚风蛋糕呢？

先声明，我个人始终感觉，戚风的开裂与不开裂并不是成功与否的标志，同学们不要太纠结。

第一，圆模如果想要不开裂的请用低温烤，如果用中空模具一定要开裂才更完美。另外，想要不开裂，蛋白不要打发得太硬，尤其不需要打至十分发，圆模低温烤蛋白打至七分发，蛋黄糊不要太干，另外也不要搅拌时间过长，这样一般不会开裂。如果是中空模具，烤出开裂的蛋糕才漂亮。

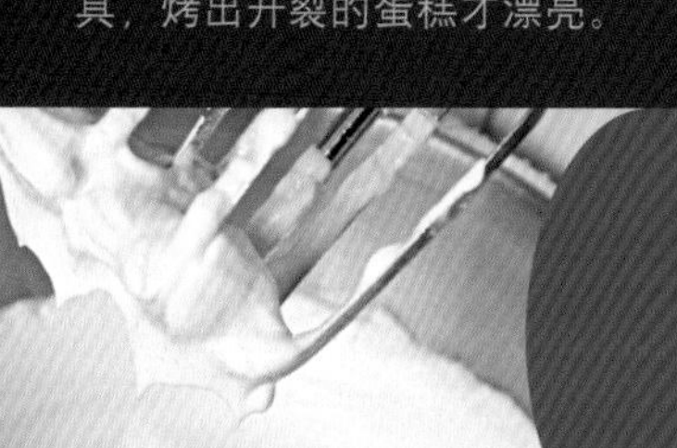

第二，尽量不使用防粘的蛋糕模，也不能在模具周围涂油，否则戚风会长不高。

第三，从选择鸡蛋开始，鸡蛋尽量选择新鲜的和个头正常较大的。另外，鸡蛋从冰箱里面拿出来不要马上用，最好在常温下放一会儿让鸡蛋适应比较好打发。

第四，蛋黄要先打，加入糖打一会儿让糖溶化，再加入水或牛奶，搅拌至均匀状态，再加入油进行搅拌。让它们多待一会儿充分乳化，表层泛白，轻搅时底下的蛋黄液呈略深颜色，表面出现纹路表示乳化完成。

第五，建议放在中下层，以防止蛋糕膨胀后顶部距离加热管太近被烤煳了。

第六，烘烤温度和时间要按自家烤箱的性能来，最好中间不要开门盖锡纸，否则容易瞬间变塌。

第七，烤好以后必须立即摔倒模立刻倒扣，然后放凉，蛋糕在凉透之前一定不要着急脱模，以免回缩。

Pattern of Bread 花样面包

面团在一点点地发酵、膨胀，准备工作也有条不紊地进行着，揉面、包料、整形……看着手中的面团随着你的意愿在不断变化着，心中的欢喜，如同烤箱的面包一样，在一点点膨胀。

传统面包，只要一点点的改变就能创造新的惊喜。随心的装饰和调味，一款秀外慧中的花样面包就出炉了，一种幸福感油然而生……

金牛角面包

所需时间
3小时15分钟
难易度
★★★

金牛角面包

材料

高筋面粉……………… 300克
低筋面粉……………… 30克
自制酸奶……………… 110克
奶油奶酪……………… 70克
鸡蛋…………………… 55克
水……………………… 35克
酵母…………………… 4克
细砂糖………………… 50克
无盐黄油……………… 30克

小贴士

1. 整形过程中将水滴状面团擀成圆锥形的长面片，用力尽量均匀，轻轻地擀。
2. 卷的时候不要卷得过紧。
3. 第二次发酵结束，有的面胚牛角会略有走形，可以轻轻地调整一下。

面包制程数据表

制法	直接法
揉和时间	35～40分钟
发酵	温度28～30°C 发酵50～60分钟
中间发酵	25分钟
最后发酵	温度约35°C 发酵40分钟
烘烤	温度约180°C 烘烤15分钟

1 将材料中除黄油外的所有材料放一起揉至光滑面团。

2 放入黄油揉至面团拉出大片坚韧的薄膜，放在温暖处发酵至约2.5倍大。

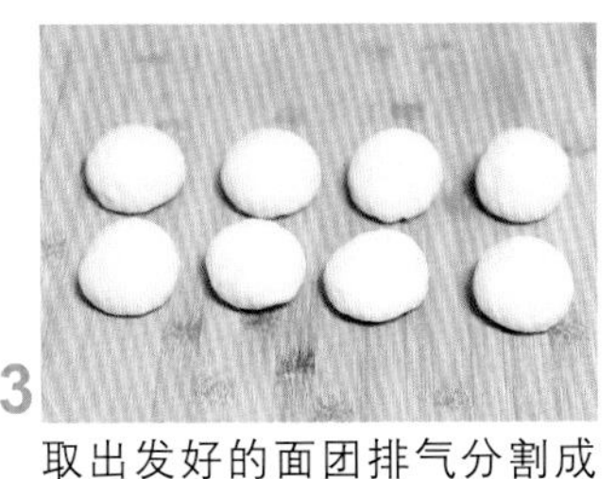
3 取出发好的面团排气分割成每个50克左右的小面团，盖上保鲜膜松弛15分钟。

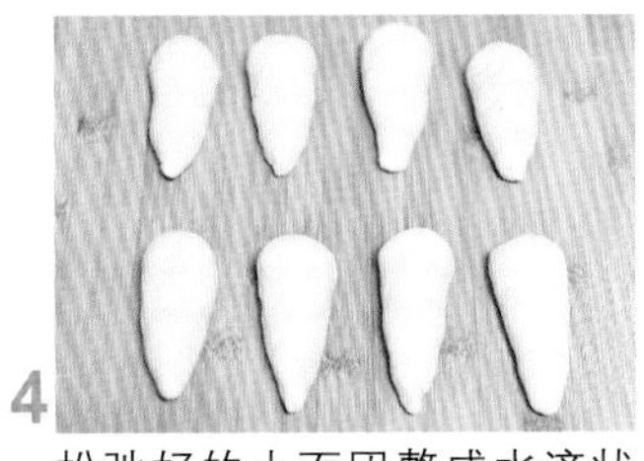
4 松弛好的小面团整成水滴状松弛10分钟。

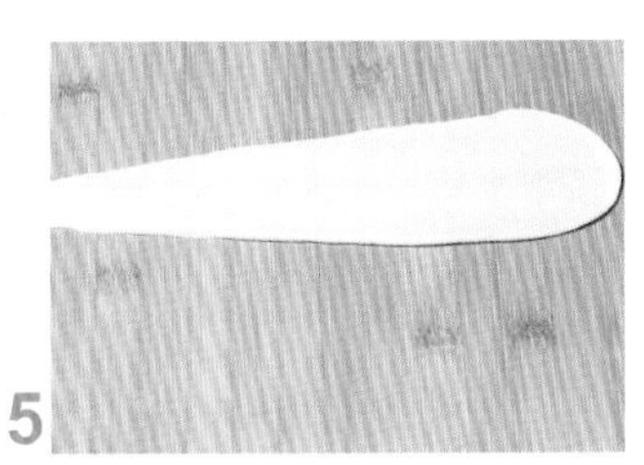
5 取一个小面团擀呈圆锥形的长面片。

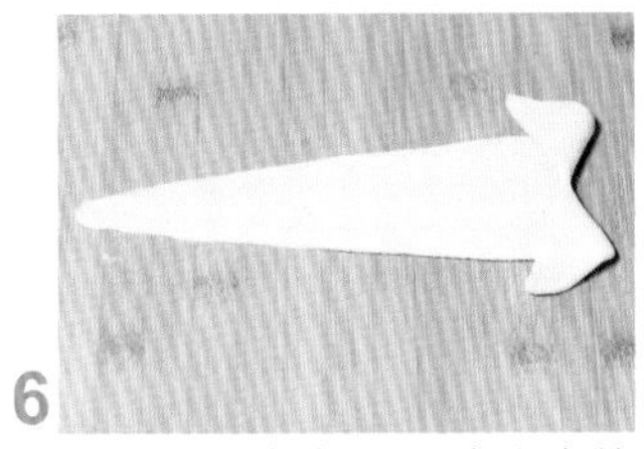
6 从圆形后端剪开6厘米左右的开口。

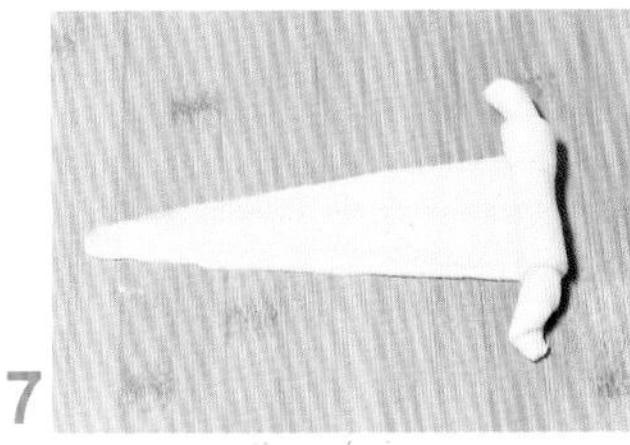
7 左右拉开慢慢卷起来。

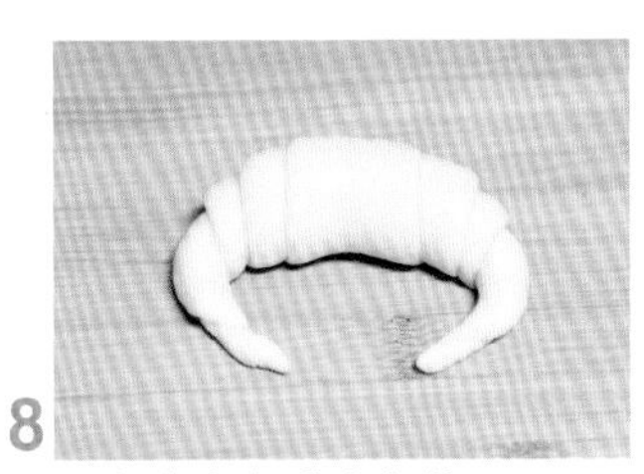
8 两角往内弯成牛角状。

9 放入黄金烤盘，放在温暖处发酵至1.5～2倍大。

10 表面刷蛋液，烤箱预热180°C烤15分钟左右即可。

章鱼小丸子面包

所需时间
3小时5分钟
难易度
★★☆

章鱼小丸子面包

面包材料

材料	用量
高筋面粉	180克
低筋面粉	20克
奶粉	10克
鸡蛋液	40克
清水	80克
细砂糖	25克
盐	1克
干酵母	3克
无盐黄油	15克

内馅材料

材料	用量
培根	4片
玉米粒	30克
芝士适量	

装饰材料

材料	用量
沙拉酱	适量
木鱼花	适量
海苔碎	适量

小贴士

1. 包好馅料一定要捏紧收口再滚圆。
2. 如果没有黄金烤盘，用普通烤盘一定要铺上油纸。
3. 烤制到自己喜欢的色泽要加盖锡纸。

面包制程数据表

制法	直接法
揉和时间	35～40分钟
发酵	温度28～30℃ 发酵50～60分钟
中间发酵	15分钟
最后发酵	温度约35℃ 发酵40分钟
烘烤	温度约180℃ 烘烤15分钟

1 将面包材料中除黄油外的所有材料放在一起揉成光滑面团，加入黄油继续至拉出大片坚韧的薄膜。

2 取出面团放在温暖处发酵至约2.5倍大。

3 发好的面团取出排气分割成每个大约20克的小面团，盖保鲜膜松弛15分钟。

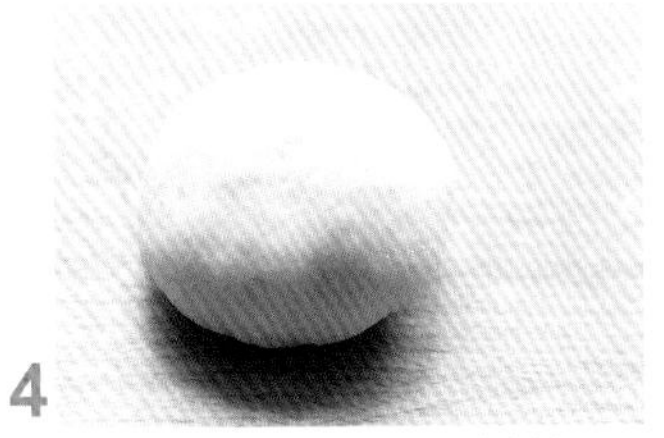

4 取一个小面团擀成圆饼状。

5 面团发酵的同时，将馅料准备好，培根切碎加入玉米粒和芝士碎拌匀备用。

6 包入适量的馅料，捏紧收口滚圆。

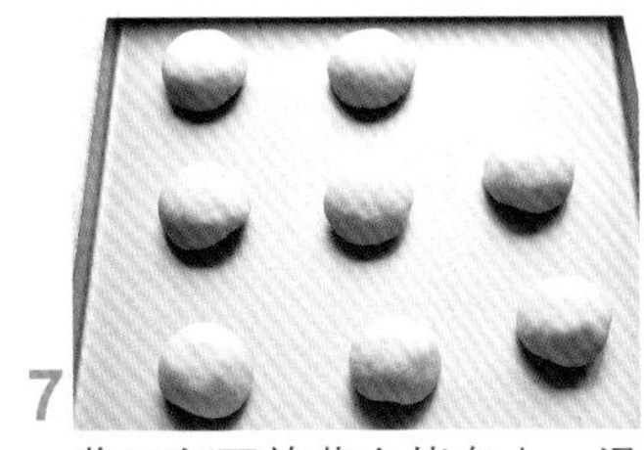

7 收口向下放黄金烤盘上，温暖处发酵至约2倍大。

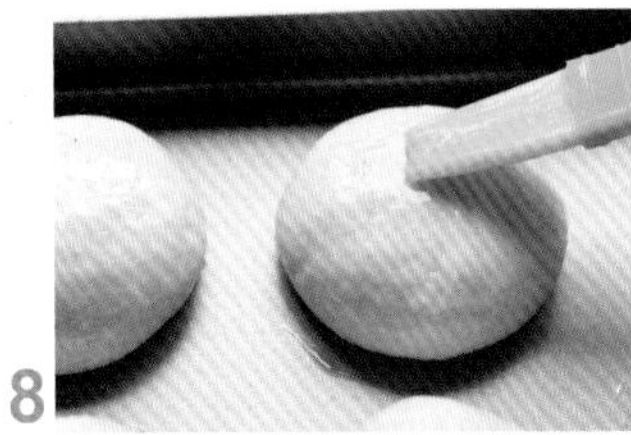

8 发好的小面团表面刷蛋液，烤箱预热180℃烤15分钟左右取出放凉。

9 凉至温热的面包顶部涂上沙拉酱。

10 放上木鱼花，撒上海苔碎即可。

蓝莓酥粒心形面包
所需时间
3小时
难易度
★★☆

蓝莓酥粒心形面包

☆ 面包材料

高筋面粉……………… 260克
蛋液…………………… 35克
淡奶油………………… 80克
牛奶…………………… 105克
细砂糖………………… 40克
无盐黄油……………… 15克
盐……………………… 2克
酵母…………………… 4克

☆ 酥粒材料

无盐黄油……………… 40克
细砂糖………………… 40克
杏仁粉………………… 40克
普通面粉……………… 40克

☆ 小贴士

1.第二次发酵结束，用手轻轻地将蓝莓按压一下，让其陷进面团。

2.如果蓝莓甜味不足，可以增加糖量。

☆ 面包制程数据表

制法	直接法
揉和时间	35～40分钟
发酵	温度28～30℃ 发酵50～60分钟
中间发酵	15分钟
最后发酵	温度约35℃ 发酵40分钟
烘烤	温度约180℃ 烘烤18分钟

4寸心形模具

1 将面包材料中除黄油外的所有材料放在一起揉成光滑面团，加入黄油继续至拉出大片坚韧的薄膜。

2 取出面团放在温暖处发酵至约2.5倍大。

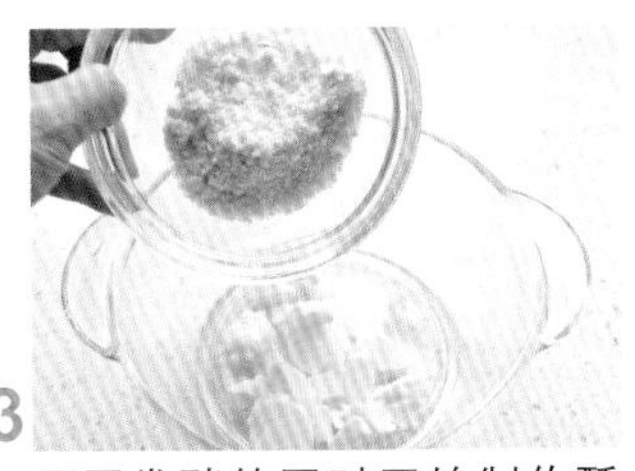

3 面团发酵的同时开始制作酥粒，将室温软化的黄油切成小块后，加入杏仁粉。

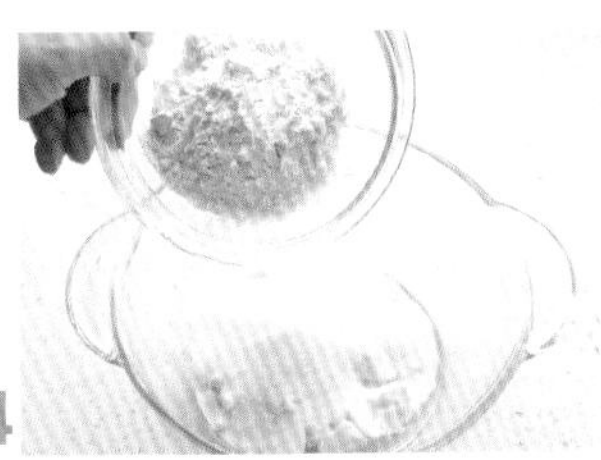

4 再依次加入细砂糖和面粉。

5 用手搓成粗沙状的酥粒备用。

6 发好的面团取出排气分割成25克一个的小面团盖保鲜膜松弛15分钟。取一个小面团揉圆压成中间略凹的形状。

7 包上3颗蓝莓放到模具中。一个模具放这样的3个面胚。

8 表面撒上细砂糖，盖保鲜膜放温暖处发酵至1.5～2倍大。

9 发好的面团表面刷上蛋液。

10 撒上酥粒，烤箱预热180℃烤18分钟即可。

椰蓉扭扭条
所需时间
3小时10分钟
难易度
★★☆

椰蓉扭扭条

面包材料

- 高筋面粉……………… 190克
- 低筋面粉……………… 10克
- 奶粉…………………… 8克
- 水……………………… 100克
- 鸡蛋液………………… 25克
- 盐……………………… 2克
- 细砂糖………………… 20克
- 酵母…………………… 3克
- 无盐黄油……………… 20克

内馅材料

- 无盐黄油……………… 25克
- 椰蓉…………………… 40克
- 细砂糖………………… 20克
- 鸡蛋液………………… 25克
- 牛奶…………………… 10克

小贴士

1. 制作椰蓉馅时，蛋液要分次加，每次完全吸收再加下一次。
2. 面包胚扭好后放在烤盘中，要用手适当地压实一些，中间隔开距离。
3. 温度可根据自家烤箱调节。

面包制程数据表

制法	直接法
揉和时间	35～40分钟
发酵	温度28～30℃ 发酵50～60分钟
中间发酵	15分钟
最后发酵	温度约35℃ 发酵40分钟
烘烤	温度约180℃ 烘烤12分钟

1 面包材料中除黄油外的所有材料放一起揉至光滑面团，再加入黄油继续揉至拉出大片坚韧的薄膜。

2 揉好的面团盖保鲜膜放在温暖处进行第一次发酵至2.5倍大。

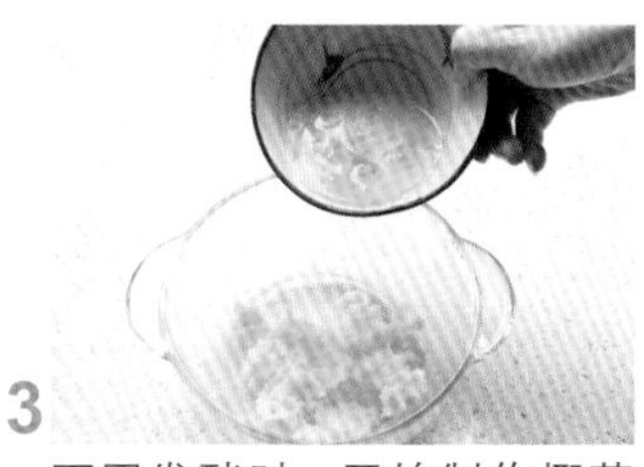

3 面团发酵时，开始制作椰蓉馅，软化黄油切小块，放入细砂糖搅拌均匀至细砂糖溶化，分次加入鸡蛋液搅拌均匀。

4 再依次加入牛奶、椰蓉拌匀。

5 取出发好的面团轻压排气，擀成大的长方形面饼。

6 从面饼一端涂抹椰蓉馅，留出1/3空白。

7 从1/3空白处向中间折起。再折过去，呈图中长方形状。

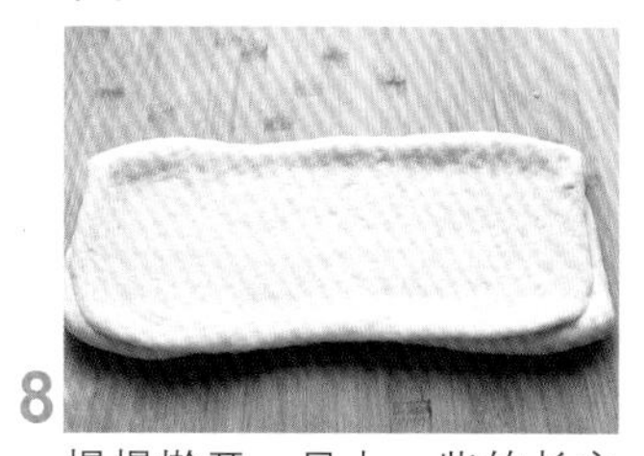

8 慢慢擀开，呈大一些的长方形。

9 用刀切成均匀的细条状。

10 取一个长条，捏住两头扭转2～3圈，放黄金烤盘上。放温暖处发酵至1.5～2倍大，表面刷鸡蛋液，烤箱预热180℃烤制12分钟左右。

南瓜象形面包

所需时间
3小时15分钟
难易度
★★☆

南瓜象形面包

☆ 面包材料

高筋面粉 ……………… 190克
全麦面粉 ……………… 20克
南瓜泥 ………………… 60克
细砂糖 ………………… 25克
蛋液 …………………… 20克
淡奶油 ………………… 50克
牛奶 …………………… 20克
盐 ……………………… 2克
酵母 …………………… 3克
无盐黄油 ……………… 15克

☆ 内馅材料

豆沙馅 ………………… 适量

☆ 小贴士

1. 棉线涂上黄油便于烤好后取下来。
2. 棉线绑面团绑得松一些，因为二次发酵和烘焙时都要膨胀。
3. 面包材料中的液体量可根据南瓜泥的湿度减少。

☆ 面包制程数据表

制法	直接法
揉和时间	35～40分钟
发酵	温度28～30℃ 发酵50～60分钟
中间发酵	15分钟
最后发酵	温度约35℃ 发酵40分钟
烘烤	温度约180℃ 烘烤15分钟

1 将面包材料中除黄油外的所有材料放在一起揉成光滑面团，加入黄油继续至拉出大片坚韧的薄膜。

2 取出面团放在温暖处发酵至约2.5倍大。

3 发好的面团取出排气分割成9个小面团，盖保鲜膜松弛15分钟。

4 取一小面团擀成圆饼状。

5 包上适量豆沙馅。

6 收口捏紧收圆按扁。

7 棉线烫洗后晾干，再涂上黄油，用4根棉线交叉成一个米字形，放上包好豆沙的小面团，系起来放在黄金烤盘上。

8 在温暖处发酵至1.5～2倍大。

9 发酵好的面团，烤箱预热180℃烤15分钟即可。

奶酪面包
所需时间
前日5分钟
当日3小时10分钟
难易度
★★☆

奶酪面包

面包材料

高筋面粉…………………150克
低筋面粉…………………10克
65℃汤种…………………48克
淡奶油……………………55克
蛋液………………………20克
细砂糖……………………25克
酵母………………………3.5克
植物油……………………18克
盐…………………………1克

奶酪馅材料

奶油奶酪…………………200克
原味全脂奶粉……………20克
牛奶………………………20克
细砂糖……………………30克

小贴士

1. 65℃汤种用170克清水加34克高筋面粉拌匀，再用小锅煮至65℃呈面糊状即可，煮汤种时要小火边煮边搅拌。汤种放凉后冷藏24小时使用最佳。
2. 这个方子是一个6寸圆模的量。
3. 面团一定要收圆，否则烤出来的面包形状不饱满。

使用模具

6寸活底圆模具

面包制程数据表

制法	65℃汤种法
揉和时间	35～40分钟
发酵	温度28～30℃ 发酵50～60分钟
中间发酵	15分钟
最后发酵	温度约35℃ 发酵40分钟
烘烤	温度约180℃ 烘烤22分钟

1 将所有面包材料放在一起揉至拉出大片坚韧的薄膜。

2 揉好的面团发酵至约2.5倍大。

3 发好的面团取出排气盖保鲜膜静置15分钟。模具涂抹黄油，将面团收圆放进模具，放温暖处发酵至1.5～2倍大。

4 面团表面刷蛋液。

5 烤箱预热180℃烤22分钟左右，取出脱膜放凉。

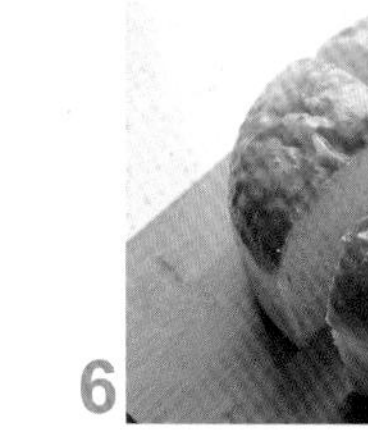

6 面包平均切成四份，把奶酪馅材料放在打蛋器中打至顺滑。

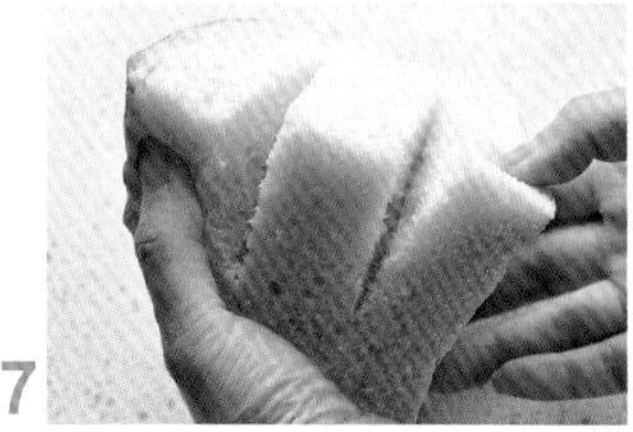

7 取过一块面包切两刀（不要切透）。

8 面包中间涂抹奶酪馅。

9 两侧也涂抹奶酪馅。

10 奶粉倒在盘中，将面包四周沾满奶粉。

玫瑰花排包

所需时间
3小时10分钟
难易度
★★☆

玫瑰花排包

材料

材料	用量
南瓜泥	90克
高筋面粉	255克
牛奶	80克
细砂糖	40克
蛋液	25克
酵母	3克
盐	2克
无盐黄油	25克

小贴士

1.制作南瓜泥最好选用微波炉，这样做出来的南瓜泥水分少。

2.面包材料中的液体量可以根据南瓜泥的稠度减少用量。

3.5片一组卷得略微紧实一点儿。

面包制程数据表

制法	直接法
揉和时间	35～40分钟
发酵	温度28～30℃ 发酵50～60分钟
中间发酵	15分钟
最后发酵	温度约35℃ 发酵40分钟
烘烤	温度约180℃ 烘烤15～20分钟

1 将面包材料中除黄油外的所有材料放在一起揉成光滑面团，加入黄油继续至拉出大片坚韧的薄膜。

2 取出面团放在温暖处发酵至约2.5倍大。

3 发好的面团取出排气平均分割成30个小面团，盖保鲜膜松弛15分钟。

4 取一个小面团擀成圆形。

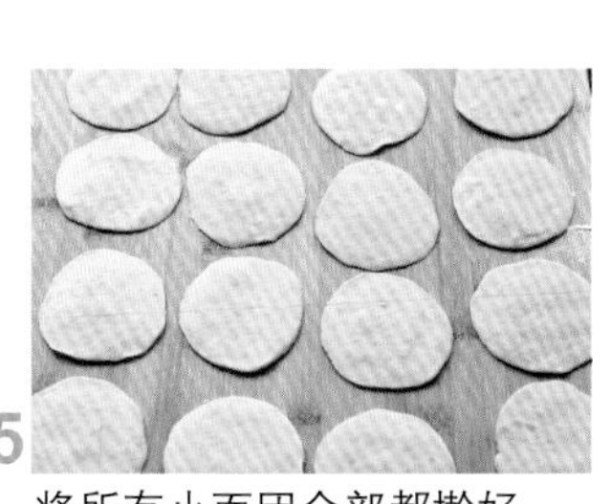

5 将所有小面团全部都擀好。

6 每5片一组一个压一个摆起来。

7 从一端卷起来。

8 卷好后从中间切开，分成两朵花。

9 深烤盘薄薄地涂上一层黄油，面团放进去开始第二次发酵至1.5～2倍大。

10 发好的面团表面刷蛋液，烤箱预热180℃烤15～20分钟即可。

红豆乳酪面包圈
所需时间
3小时10分钟
难易度
★★☆

红豆乳酪面包圈

☆ 面包材料

高筋面粉……………… 340克
全麦面粉……………… 60克
酵母…………………… 6克
细砂糖………………… 30克
盐……………………… 4克
清水…………………… 240克
无盐黄油……………… 40克

☆ 内馅材料

奶油奶酪……………… 200克
细砂糖………………… 15克
蜜红豆………………… 适量

☆ 小贴士

1. 奶酪馅里的细砂糖可以根据喜好增减。
2. 整形时面团擀成长条状尽量做到细条一些，整形结束发酵后才能保持圆圈状。

☆ 面包制程数据表

制法	直接法
揉和时间	35～40分钟
发酵	温度28～30℃ 发酵50～60分钟
中间发酵	15分钟
最后发酵	温度约35℃ 发酵40分钟
烘烤	温度约180℃ 烘烤约15分钟

1 将面包材料中除黄油外的所有材料放一起揉至光滑面团，再分次加入黄油揉至面团拉出大片坚韧的薄膜。

2 面团放温暖处发酵至约2.5倍大。

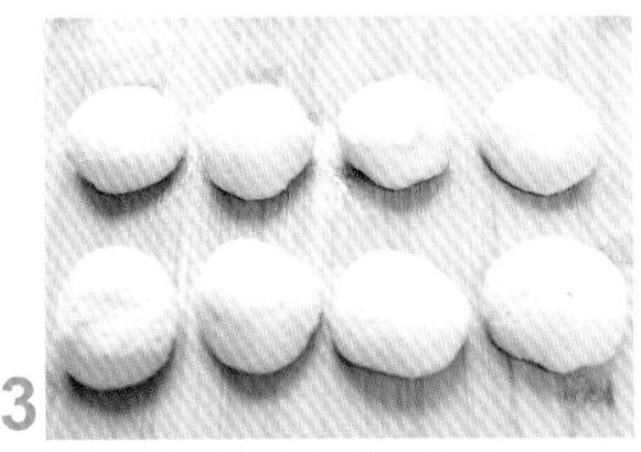

3 面团取出排气平均分成8个小面团，盖保鲜膜松弛15分钟。

4 取一个小面团擀成细长条状，将奶油奶酪和细砂糖一起拌匀，涂抹在长条面团上。

5 表面再放一排蜜红豆。

6 从一侧开始卷起，另一侧做成裙摆状。

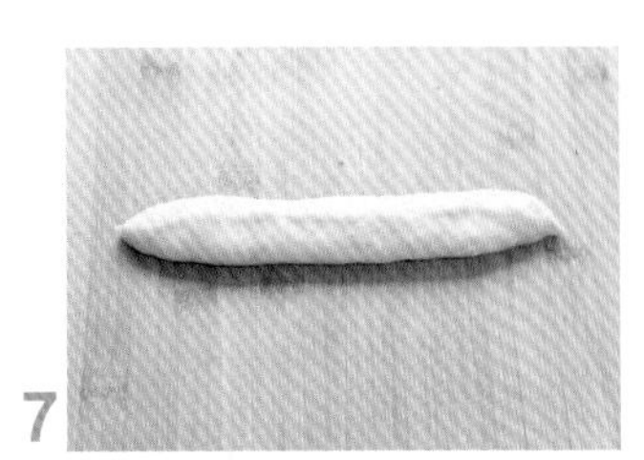

7 卷好捏紧成长圆条状。

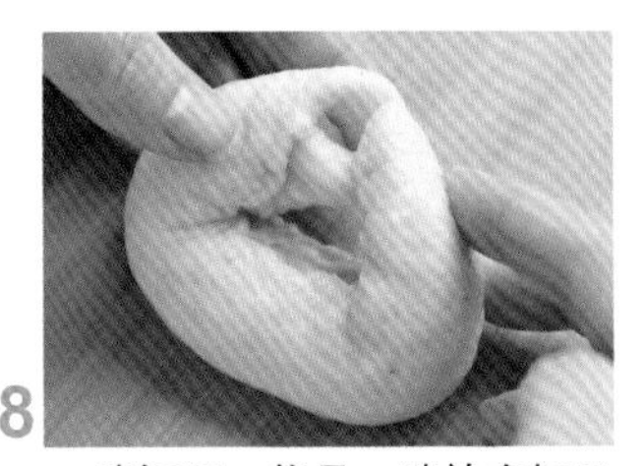

8 一端打开，将另一端放在打开的一端里捏紧收口，面团首尾相接成为圆圈状，摆在黄金烤盘中放温暖处发酵至2倍大。

9 表面筛高筋面粉。

10 用刀割出花纹，烤箱预热180℃烤约15分钟。

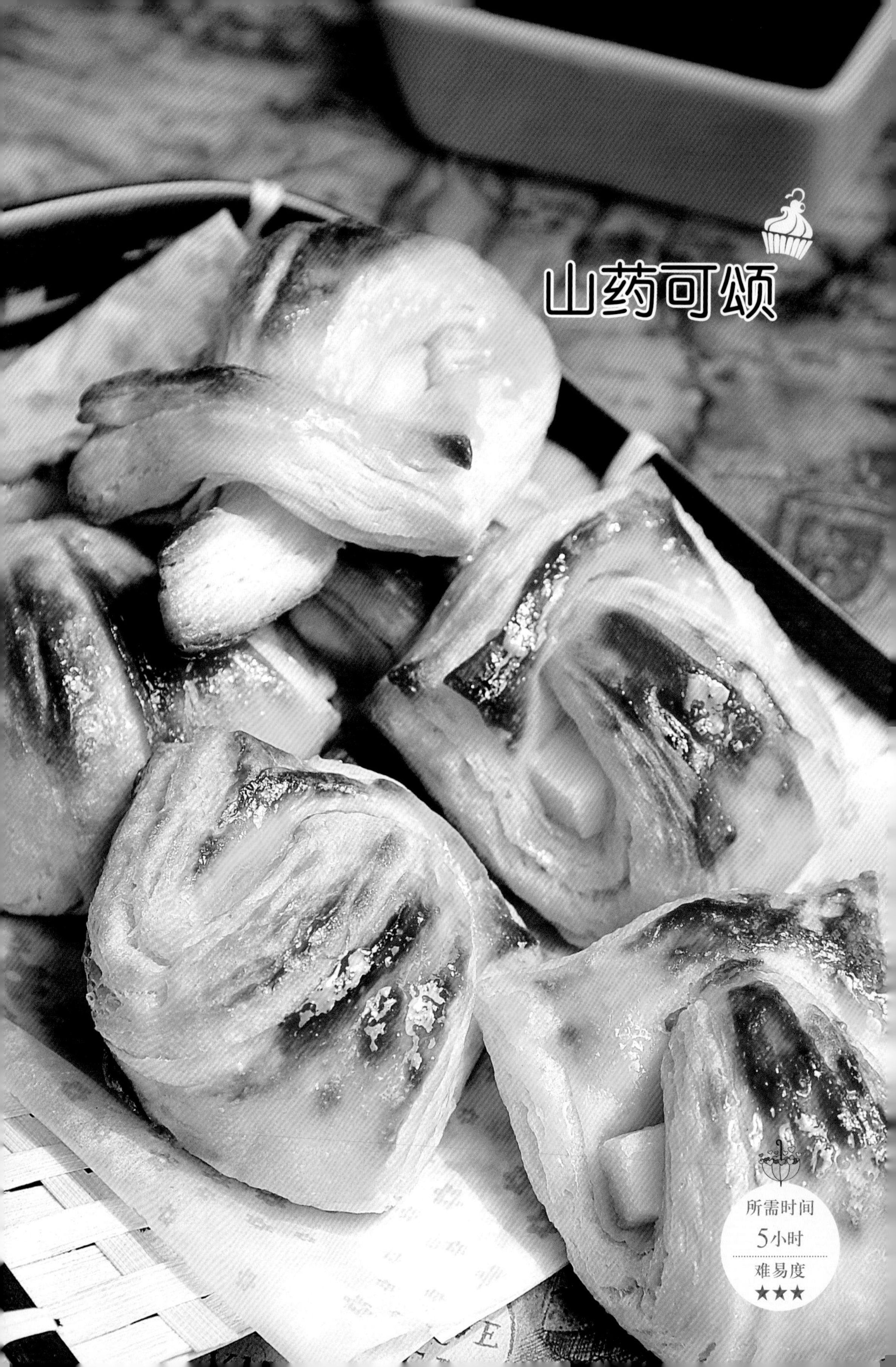
山药可颂
所需时间
5小时
难易度
★★★

山药可颂

面包材料

A：高筋面粉 ………… 230克
低筋面粉 ………… 20克
细砂糖 ………… 30克
酵母 ………… 4克
清水 ………… 130克
盐 ………… 2克
黄油 ………… 25克
B：片状黄油 ………… 125克
鸡蛋液 ………… 适量

小贴士

1. 面团冷冻2小时后取出，大约回温30分钟再操作。
2. 包入的片状黄油也要略软化一点才好操作。

面包制程数据表

制法	直接法
揉和时间	35～40分钟
发酵	温度28～30℃ 发酵30分钟
冷冻时间	3小时
最后发酵	温度约26℃ 发酵约1小时
烘烤	温度约200℃ 烘烤16分钟

1 将材料A除黄油外的所有材料揉成光滑面团，再加入黄油揉至拉出大片坚韧薄膜的面团。

2 面团放温暖处发酵30分钟，再冷冻2小时。

3 取出面团回温擀成方形。

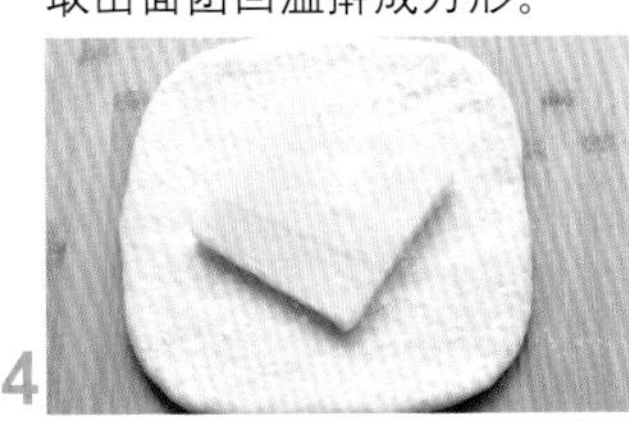

4 包入片状黄油。

5 四周反过来。

6 四周收口处捏紧。

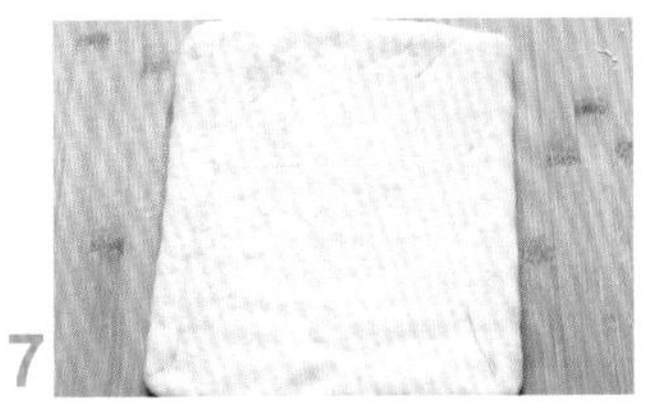

7 先左右、再上下将面团擀成长方形。

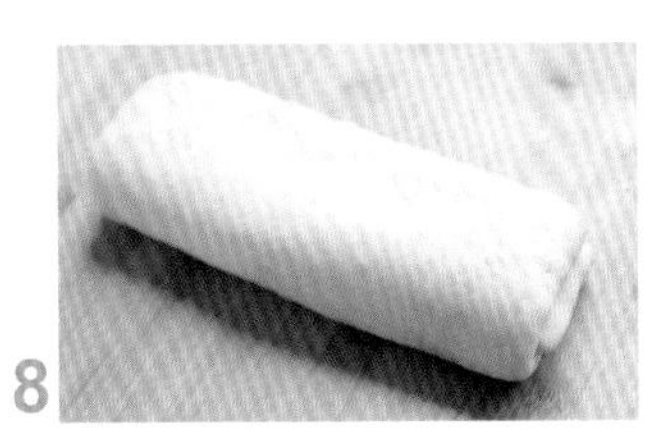

8 再将面团折3折，冷藏5分钟。

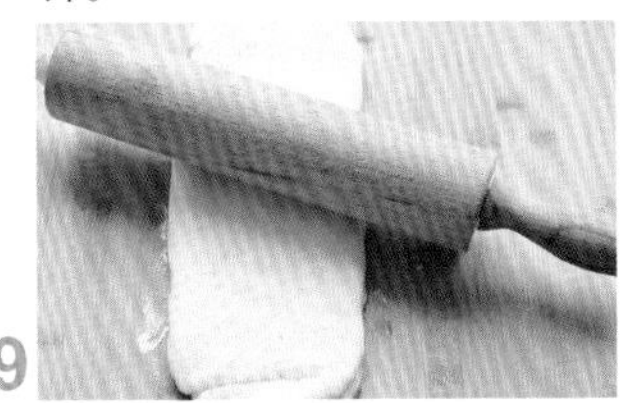

9 取出轻轻擀压成长方形。

10 进行二次折叠，冷冻松弛30分钟。再取出面团回温15分钟后再擀压，然后进行第三次折叠冷冻30分钟。

11 将面团取出回温15分钟，擀压至0.5厘米厚的面饼，切出等边三角形，并在三角形的底边切一横刀口，卷一块煮好的山药段。

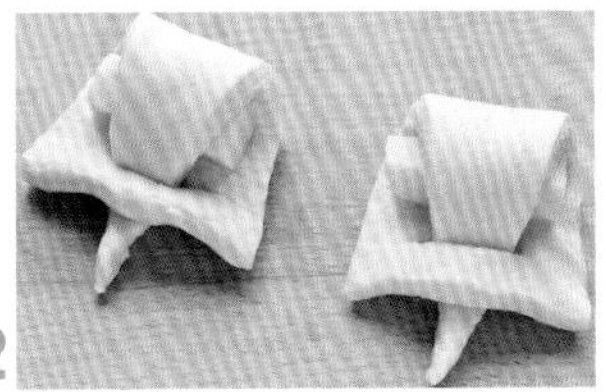

12 卷好的面包坯再放温暖处发酵至约2倍大，发酵好后表面刷蛋液。烤箱预热200℃烤16分钟即可。

蜜豆糯米包
所需时间
3小时20分钟
难易度
★★☆

蜜豆糯米包

☆ 面包材料

高筋面粉…………………… 230克
糯米粉…………………… 20克
细砂糖…………………… 30克
牛奶…………………… 170克
无盐黄油…………………… 20克
酵母…………………… 3.5克
盐…………………… 1克

☆ 内馅材料

糯米粉…………………… 80克
玉米淀粉…………………… 20克
牛奶…………………… 150克
植物油…………………… 10克
细砂糖…………………… 25克
红豆沙…………………… 30克
蜜红豆…………………… 25克

☆ 小贴士

1.糖量可根据喜好增加。
2.包入馅料后，收口一定要捏紧，否则最后一次发酵结束后易漏馅。

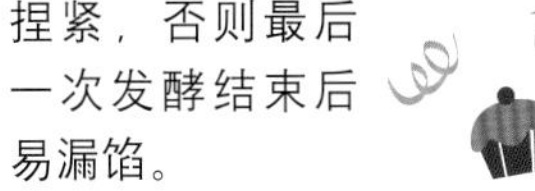

☆ 面包制程数据表

制法	直接法
揉和时间	35～40分钟
发酵	温度28～30℃ 发酵50～60分钟
中间发酵	15分钟
最后发酵	温度约35℃ 发酵40分钟
烘烤	温度约190℃ 烘烤18分钟

1 将面包材料中除黄油外的所有材料放在一起揉成光滑面团，加入黄油继续揉至拉出大片坚韧的薄膜。

2 取出面团放在温暖处发酵至约2.5倍大。

3 发面的同时，开始制作馅料。将糯米粉、淀粉、白砂糖混合一起，倒入牛奶拌成无颗粒状的面糊。

4 加入植物油拌匀放入微波炉加热2～3分钟取出。

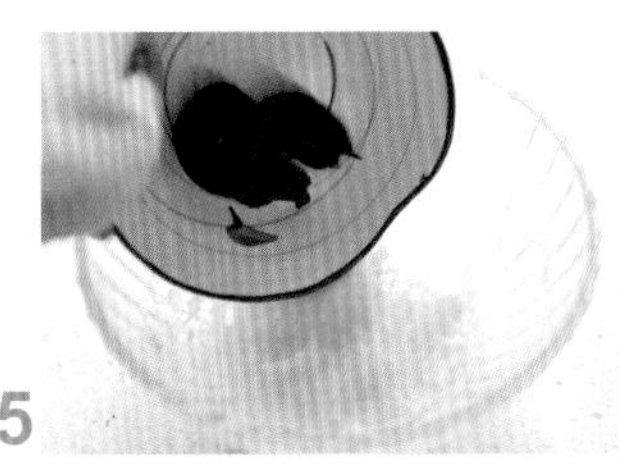

5 放入红豆沙拌匀。

6 加入蜜红豆拌成馅。

7 发好的面团取出排气，再分割成12个小面团，盖保鲜膜松弛15分钟。取一个小面团擀成圆形，包入适量馅料。

8 捏成三角形，收口捏紧。

9 捏好的面团倒过来放入黄金烤盘上，在温暖处发酵至2倍大。

10 表面放香菜叶后筛面粉筛出图案，烤箱预热190℃烤15分钟左右即可。

肉酱面包盅

面包制程数据表

制法	直接法
揉和时间	35～40分钟
发酵	温度28～30℃ 发酵50～60分钟
中间发酵	15分钟
最后发酵	温度约35℃ 发酵40分钟
烘烤	温度约200℃ 烘烤10分钟

所需时间
3小时30分钟
难易度
★★☆

肉酱面包盅

面包材料

高筋面粉	200克
清水	36克
牛奶	40克
鸡蛋	40克
细砂糖	36克
盐	1克
酵母	3克
无盐黄油	25克

肉酱材料

牛里脊	150克
鹌鹑蛋	3个
料酒	1大勺
橄榄油	1大勺
蚝油	1大勺
蛋清	1只
大蒜	3瓣
番茄酱	3大勺
甜辣酱	1大勺
小番茄	8个
玉米粒	25克
细砂糖	10克
盐	适量
黑胡椒碎	适量

小贴士

1.小面团擀成面饼的大小要根据模具的大小来做。

2.装满牛肉馅的面包盅现做现吃口感最佳。

使用模具

12连麦芬模具。

1 面包材料中除黄油外的所有材料放一起揉至光滑面团，再加入黄油继续揉至拉出大片坚韧的薄膜。

2 揉好的面团盖保鲜膜放在温暖处进行第一次发酵至2.5倍大。取出发好的面团轻压排气，再平均分割成15个小面团，盖保鲜膜松弛15分钟。

3 取一个小面团擀成饼状。

4 麦芬模具倒扣，表面涂一层薄薄的黄油，把面饼扣在模具上，尽量让它贴合在模具上，发酵至约2倍大。发好的面团表面刷蛋液，烤箱预热200℃烤10分钟即可。

5 制作牛肉酱，将牛里脊肉剁成细碎状，倒入料酒、橄榄油和蚝油拌匀，再倒入蛋清朝向一个方向搅拌均匀。

6 起锅倒入橄榄油，爆香大蒜片，倒入牛肉馅料。

7 炒至肉色发白，加入玉米粒和切小块的小番茄大火翻炒。

8 加入甜辣酱和番茄酱转小火翻炒。再加入糖、盐、黑胡椒碎。

9 加入鹌鹑蛋煮熟盛出。

10 将煮好的肉馅装在做好的面包盅里即可。

草莓乳酪三角包

所需时间
3小时15分钟
难易度
★★☆

草莓乳酪三角包

乳酪馅材料

草莓…………………… 100克
牛奶…………………… 50克
奶油奶酪……………… 40克
细砂糖………………… 25克
糯米粉………………… 30克
无盐黄油……………… 10克

面包材料

高筋面粉……………… 220克
低筋面粉……………… 30克
奶粉…………………… 20克
酵母…………………… 4克
全蛋液………………… 80克
清水…………………… 70克
盐……………………… 2克
细砂糖………………… 40克
无盐黄油……………… 30克

小贴士

1.收口一定捏紧实，否则易漏馅。
2.乳酪馅可以拌得略为稠点儿。

面包制程数据表

制法	直接法
揉和时间	35～40分钟
发酵	温度28～30℃ 发酵50～60分钟
中间发酵	15分钟
最后发酵	温度约35℃ 发酵40分钟
烘烤	温度约180℃ 烘烤15分钟

1 先制作乳酪馅，将草莓洗净去蒂切小块，加细砂糖腌制10分钟。

2 腌好的草莓用压泥器制成草莓泥，倒入牛奶和糯米粉拌匀。

3 加入软化的奶油奶酪和黄油，拌匀至完全溶化即成乳酪馅备用。

4 面包材料中除黄油外的所有材料放一起揉至光滑面团，放入黄油继续揉至拉出大片坚韧的薄膜。

5 揉好的面团盖保鲜膜放在温暖处进行第一次发酵至2.5倍大。

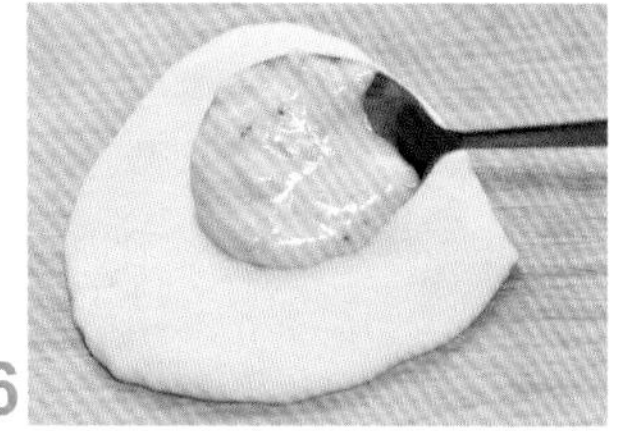

6 取出发好的面团轻压排气，再平均分成11个小面团盖保鲜膜松弛15分钟。取一个小面团擀成圆形，包入适量草莓乳酪馅。

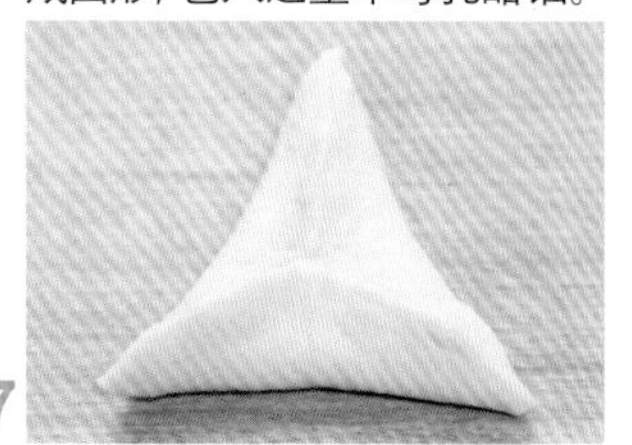

7 收口呈三角形，收口捏紧。

8 再取一个小面团分割成10条长条形面团，搓长至少20厘米的长度，对折拧成长条麻花状。

9 包好乳酪馅的面包坯收口朝下摆好，将长条麻花状面团绑在整好形状的面包坯上，收口捏紧朝下固定好，排放在黄金烤盘上，放温暖处第二次发酵至1.5～2倍大。

10 发好的面团表面刷蛋液，烤箱预热180℃烤15分钟左右。

地瓜乳酪包
所需时间
3小时20分钟
难易度
★★★

地瓜乳酪包

面包材料

高筋面粉……………… 220克
低筋面粉……………… 30克
盐……………………… 2克
细砂糖………………… 40克
鸡蛋…………………… 1个
蛋黄…………………… 1个
牛奶…………………… 70克
酵母…………………… 4克
无盐黄油……………… 35克

内馅材料

奶油奶酪……………… 125克
细砂糖………………… 20克
蜂蜜…………………… 15克
地瓜泥………………… 100克
牛奶…………………… 20克

装饰材料

糖粉…………………… 35克
杏仁粉………………… 35克
蛋清…………………… 1个

小贴士

1. 脆皮屑就是将无盐黄油35克、盐1克、细砂糖30克、低筋面粉60克，所有材料放一起用手揉搓成小球球放冰箱备用。
2. 中间可以加盖锡纸，以免上色过重。

面包制程数据表

制法	直接法
揉和时间	35～40分钟
发酵	温度28～30℃
	发酵50～60分钟
中间发酵	15分钟
最后发酵	温度约35℃
	发酵40分钟
烘烤	温度约190℃
	烘烤15分钟

1 先制作馅料，将奶油奶酪里加入细砂糖拌匀。

2 再加入蜂蜜、牛奶手动打顺滑。

3 加入地瓜泥继续打顺滑，制好的地瓜乳酪馅放冰箱备用。

4 面包材料中除黄油外的所有材料放一起揉至光滑面团，再加入黄油继续揉至拉出大片坚韧的薄膜。

5 揉好的面团盖保鲜膜放在温暖处进行第一次发酵至2.5倍大。取出发好的面团轻压排气，再平均分割成8个小面团松弛15分钟。

6 取出一个小面团擀成长方形，把地瓜乳酪馅涂在面皮上。

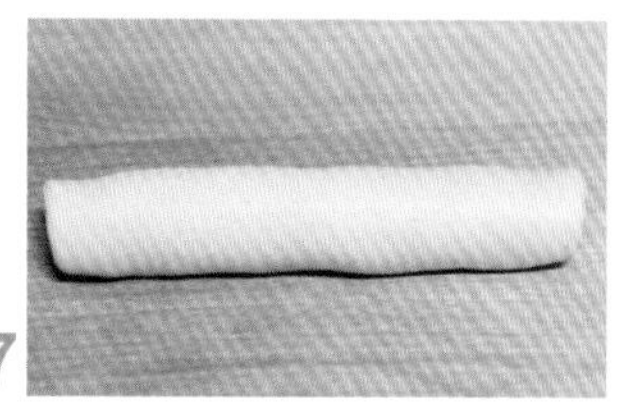

7 从一边开始卷成圆柱形收口捏紧。

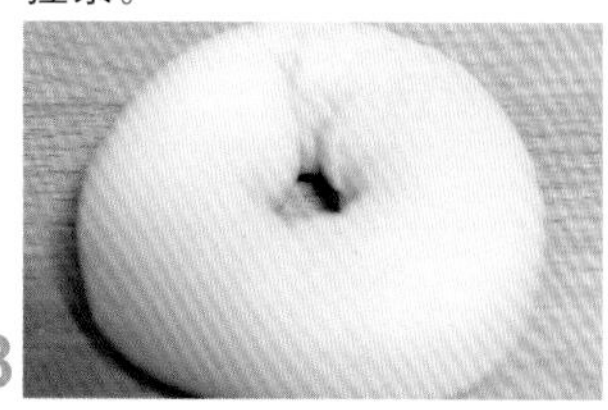

8 再围成圆形两头捏合起来。

9 用刀切上8刀，不要完全切断，切出花形，放在黄金烤盘进行第二次发酵至1.5～2倍大。

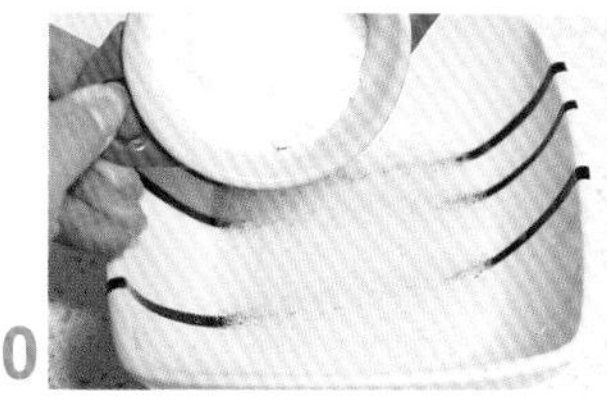

10 面团发酵的时候开始制作装饰面糊，把蛋清打散，放入糖粉打匀。

11 加入杏仁粉拌匀，制成装饰糊备用。

12 发好的面团刷上蛋液，再挤上装饰糊，撒上脆皮屑。烤箱预热190℃烤15分钟左右取出放凉。

金钱红豆包

所需时间
3小时

难易度
★★☆

金钱红豆包

面包材料

高筋面粉	260克
鸡蛋	50克
淡奶油	50克
牛奶	50克
细砂糖	40克
盐	3克
酵母	4克
无盐黄油	35克

面包馅料

蜜红豆	适量

小贴士

1. 每个小面团包好蜜红豆都要捏紧收口再滚圆。
2. 中间可加盖锡纸以免上色过重。
3. 蜜红豆可以买成品，也可以用细砂糖和红豆一起煮。

面包制程数据表

制法	直接法
揉和时间	35～40分钟
发酵	温度28～30℃ 发酵50～60分钟
中间发酵	15分钟
最后发酵	温度约35℃ 发酵40分钟
烘烤	温度约180℃ 烘烤15分钟

1 面包材料中除黄油外的所有材料放一起揉至光滑面团，再加入黄油继续揉至拉出大片薄膜。

2 揉好的面团盖保鲜膜放在温暖处进行第一次发酵至2.5倍大。

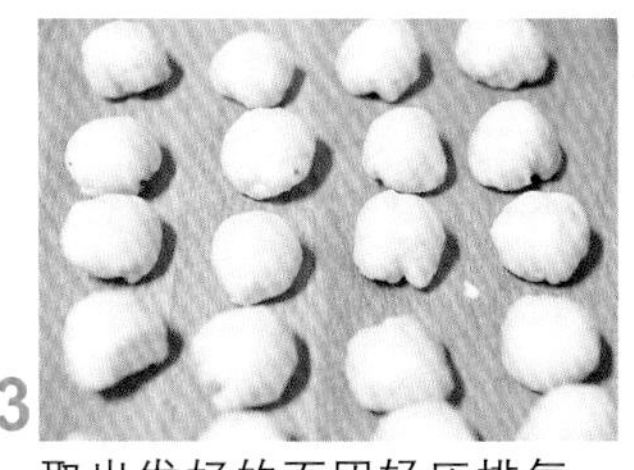

3 取出发好的面团轻压排气，再平均分割成每个6克的小面团盖保鲜膜松弛15分钟。

4 取一个小面团放手里摁扁。放上适量的蜜红豆。

5 包好蜜红豆，捏紧收口滚圆。

6 圆形挞模提前涂上一层薄薄的黄油，把滚好的小面团摆整齐进行第二次发酵至大约1.5倍大。

7 发酵好的面团上刷一层蛋液，烤箱预热180℃烤15分钟即可。

福袋香葱乳酪包

所需时间
6小时10分钟
难易度
★★☆

福袋香葱乳酪包

☆ 中种面团材料

低筋面粉………………60克
酵母………………1.5克
牛奶………………30克

☆ 主面团材料

中种面团………………90克
高筋面粉………………120克
酵母………………2克
细砂糖………………30克
盐………………1克
蛋液………………20克
牛奶………………50克
无盐黄油………………40克

☆ 面包馅材料

培根………………2片
奶油奶酪………………100克

☆ 小贴士

1.主面团材料混合成光滑面团后，再将黄油分次加入面团，每次都要充分吸收。
2.面包进行第二次发酵时，可以用少许香葱碎和黄油混合备用。

☆ 面包制程数据表

制法	中种法
揉和时间	35～40分钟
发酵	温度28～30℃ 发酵50～60分钟
中间发酵	15分钟
最后发酵	温度约35℃ 发酵40分钟
烘烤	温度约210℃ 烘烤10分钟

1 将中种面团材料混合成稍有筋度的面团放室温发酵3小时。

2 发酵好的中种面团撕成小块和除黄油以外的主面团材料一起混合揉成光滑面团，再将黄油分次加入面团。

3 揉至面团拉出大片坚韧的薄膜，放在温暖处发酵至2.5倍大。

4 发面的同时，将培根切碎，加入软化的奶油奶酪一起和成馅放冰箱冷藏备用。

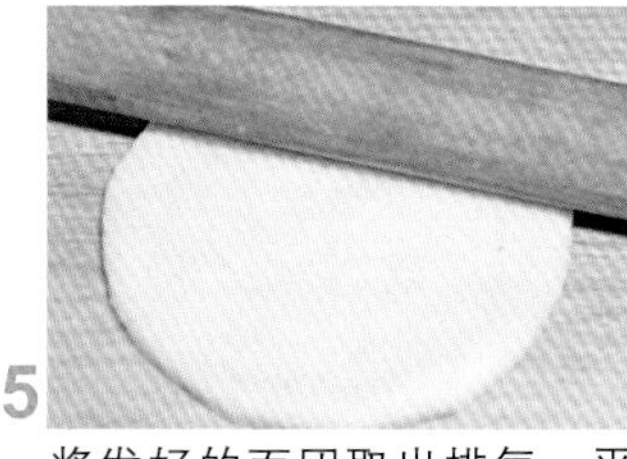

5 将发好的面团取出排气，平均分割成9个小面团，分别滚圆再盖上保鲜膜松弛15分钟后，取一个小面团擀扁。

6 包入调好的乳酪培根馅，捏紧收口。

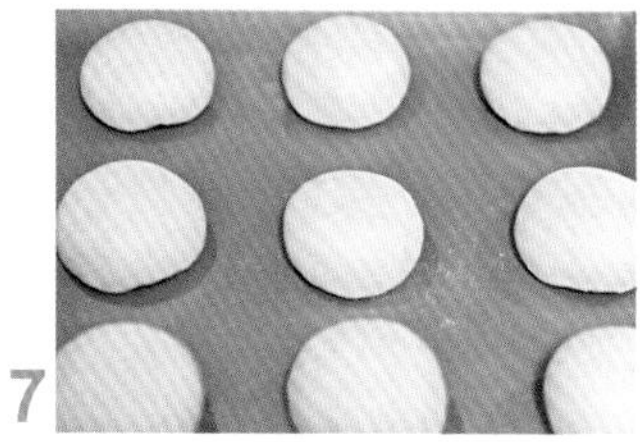

7 收口向下放在黄金烤盘内发酵至2倍大时取出。

8 发好的面胚表面刷蛋液。

9 在面包中间用剪刀剪出十字口。

10 将少许香葱碎和软化黄油混合一起，放在面包上面开口处，烤箱预热210℃烤10分钟即可。

蛋白杏仁奶酥面包

面包制程数据表

制法	65℃汤种法
揉和时间	35～40分钟
发酵	温度28～30℃ 发酵50～60分钟
中间发酵	15分钟
最后发酵	温度约35℃ 发酵40分钟
烘烤	温度约190℃ 烘烤15分钟

所需时间
前日5分钟
当日3小时

难易度
★★★

蛋白杏仁奶酥面包

面包材料

高筋面粉	200克
细砂糖	30克
盐	1克
无盐黄油	18克
蛋黄	1个
牛奶	70克
酵母	4克
65℃汤种	60克

奶酥馅材料

黄油	70克
细砂糖	30克
盐	1克
蛋液	30克
奶粉	90克

蛋白杏仁面团材料

蛋清	1个
杏仁粉	25克
糖粉	15克

小贴士

1.65℃汤种用170克清水加34克高粉拌匀，再用小锅煮至65℃成面糊状即可。煮汤种时要小火边煮边搅拌。汤种放凉后冷藏24小时使用最佳。

2.饼皮要擀得中间高四周低，像包包子那样收口，这样馅料才能处于面包的中心，防止底下过厚、上面过薄的现象。

3.制作好的面坯放在烤盘时，两个面坯之间要加大间隔空间。

1 先制作奶酥馅，把室温软化的无盐黄油切小块，放入盐和细砂糖用打蛋器打发顺滑。

2 再分次加入蛋液继续打发顺滑。

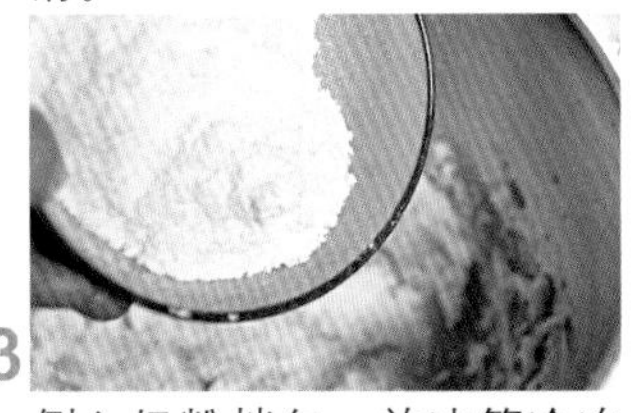

3 倒入奶粉拌匀，放冰箱冷冻12分钟备用。

4 将面包材料中除黄油外的所有材料放在一起揉成光滑面团，加入黄油继续揉至拉出大片坚韧的薄膜。

5 取出面团放在温暖处发酵至约2.5倍大。

6 发好的面团取出排气，平均分割成8个小面团松弛15分钟后，再擀成椭圆面饼。

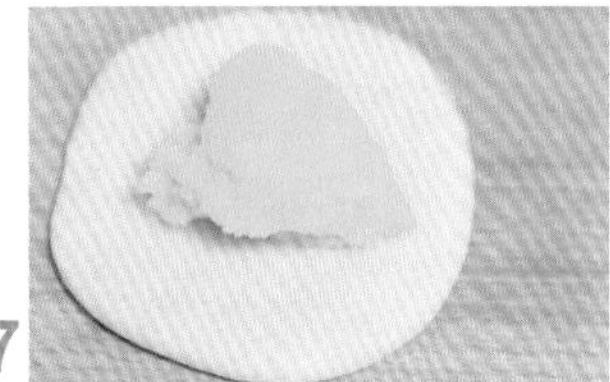

7 取适量冻好的奶酥馅放在面饼上。

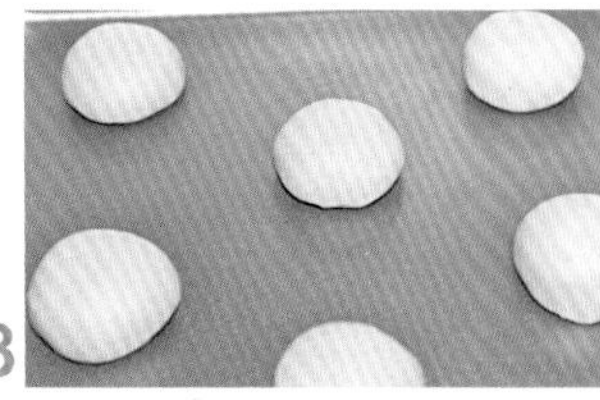

8 封口捏紧向下再滚圆，放黄金烤盘上发酵至约2倍大。

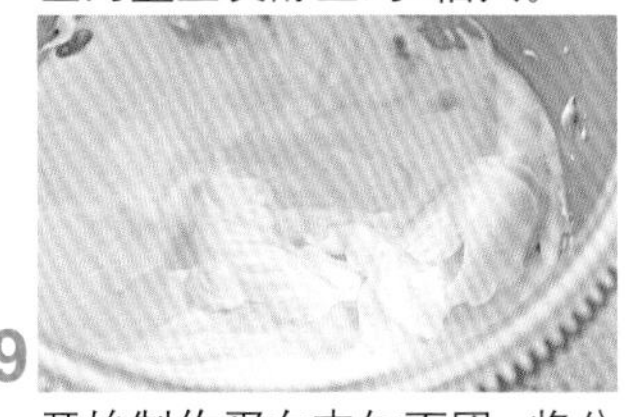

9 开始制作蛋白杏仁面团，将分离好的蛋清加入糖粉，用打蛋器打至蛋白呈小尖角即可。

10 筛入杏仁粉快速拌匀。

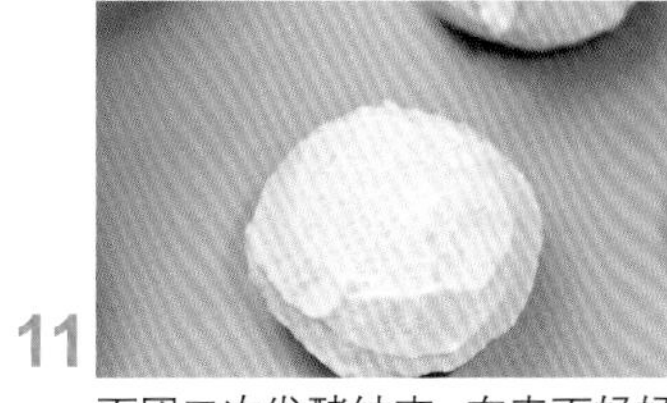

11 面团二次发酵结束，在表面轻轻地涂抹一层蛋白杏仁面团，静置10分钟左右使表面微干燥。

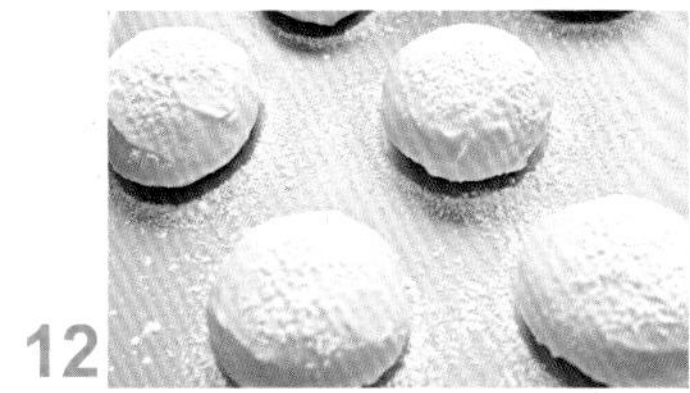

12 再筛上糖粉装饰，烤箱预热190℃烤15分钟左右即可。

圣诞老人面包

面包制程数据表

制法	65℃汤种法
揉和时间	35～40分钟
发酵	温度28～30℃ 发酵50～60分钟
中间发酵	15分钟
最后发酵	温度约35℃ 发酵40分钟
烘烤	温度约210℃ 烘烤10分钟

所需时间
前日5分钟
当日4小时

难易度
★★★

圣诞老人面包

材料

高筋面粉	270克
鸡蛋	35克
牛奶	35克
淡奶油	55克
细砂糖	50克
65℃汤种	80克
盐	2克
酵母	6克
无盐黄油	28克
红曲粉	适量

小贴士

1. 65℃汤种用170克清水加34克高粉拌匀，再用小锅煮至65℃呈面糊状即可。煮汤种时要小火边煮边搅拌。汤种放凉后冷藏24小时使用最佳。
2. 这个方子可以做5个圣诞老人面包。
3. 制作时，圣诞老人的五官要放密点，不然二次发酵再后经过烤制，五官就容易变形。
4. 用蛋液加红曲粉调成红色，深浅色泽根据喜欢调制。
5. 烤的过程中，帽子和鼻子的色上好后就要盖上锡纸，但不要盖到胡子，等胡子上好色再全盖上锡纸。

1 面包材料中除黄油外的所有材料放一起揉至光滑面团，再加入黄油继续揉至拉出大片坚韧的薄膜。

2 揉好的面团盖保鲜膜放在温暖处进行第一次发酵至2.5倍大。取出发好的面团排气后分割成10个35克的小面团和5个30克的小面团，滚圆后盖保鲜膜松弛15分钟。

3 取一个35克小面团擀成椭圆面饼当作圣诞老人的脸。

4 取一个30克小面饼擀成类似三角形的面饼。

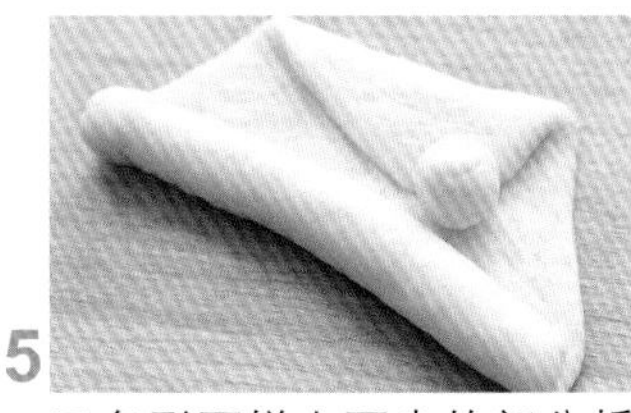

5 三角形面饼上面尖的部分折过来一块，下面圆的部分卷起来，做圣诞老人的帽子。

6 从剩下的面团里取3克揉一小团当帽子顶的绒球。取5克揉成一小团当鼻子。

7 再取一份35克的小面团擀成椭圆形，对折一下。

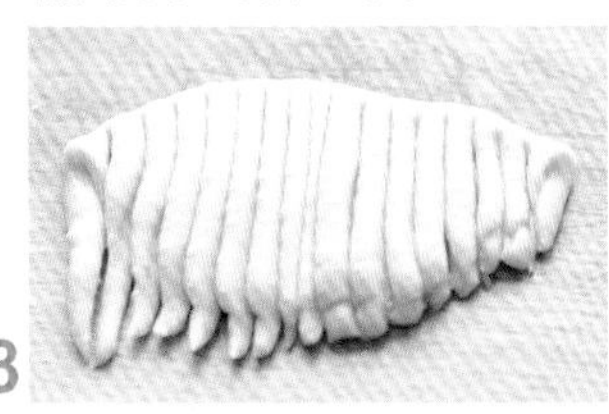

8 用刀切成细条做成胡须。

9 将每根细条都扭成螺旋状。

10 把做好的这些全部组装起来，放在黄金烤盘上发酵至1.5～2倍大。

11 发好的面坯，先用蛋液整体刷一遍。剩下的蛋液再加入适量红曲粉调成红色蛋液把圣诞老人的帽子和鼻子刷成红色。

12 烤箱预热210℃烤10分钟取出。放凉后，把帽子的小球和胡子筛上糖粉，再用融化的巧克力画上眼睛。

香葱肉松面包卷

面包制程数据表

制法	65°C汤种法
揉和时间	35～40分钟
发酵	温度28～30°C 发酵50～60分钟
中间发酵	15分钟
最后发酵	温度约35°C 发酵40分钟
烘烤	温度约210°C 烘烤10分钟

所需时间

4小时

难易度

★★☆

香葱肉松面包卷

☆ 面包材料

高筋面粉……………… 270克
65℃汤种……………… 80克
细砂糖……………… 30克
鸡蛋……………… 50克
牛奶……………… 75克
无盐黄油……………… 30克
盐……………… 2克
酵母……………… 6克

☆ 装饰材料

香葱碎……………… 适量
白芝麻……………… 适量
全蛋液……………… 少许

☆ 内馅材料

沙拉酱……………… 适量
肉松……………… 适量

☆ 小贴士

1.65℃汤种用170克清水加34克高筋面粉拌匀，再用小锅煮至65℃呈面糊状即可，煮汤种时要小火边煮边搅拌。汤种放凉后冷藏24小时使用最佳。

2.烤制的温度和时间很重要，既要将面包烤熟，又不能烤太大使面包表面干硬。高火速烤，很短的时间面团就膨发得很大，内部结构和底面也比中火烤出来要软嫩。烤的时候中间一定要加盖锡纸。

3.要在面包温热的时候开始卷，新手最好铺在油纸上更容易卷起来，卷好后再改用保鲜膜包紧。

4.面包靠近卷起的一端多划几刀（不要切断），这样更容易卷。

1 将面包材料中除黄油外的所有材料放在一起揉成光滑面团，加入黄油继续至拉出大片坚韧的薄膜。

2 取出面团放在温暖处发酵至约2.5倍大。

3 发好的面团取出排气，盖保鲜膜松弛15分钟。

4 再擀成和烤盘差不多的长方形面饼，放进黄金烤盘二次发酵至2倍大。

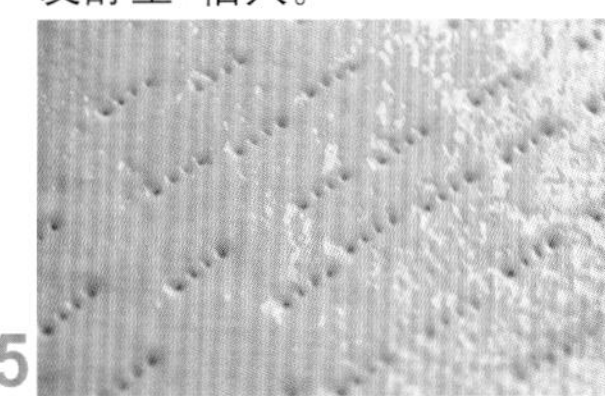

5 发酵好的面团上轻轻用叉子扎上小孔，再刷上蛋液。

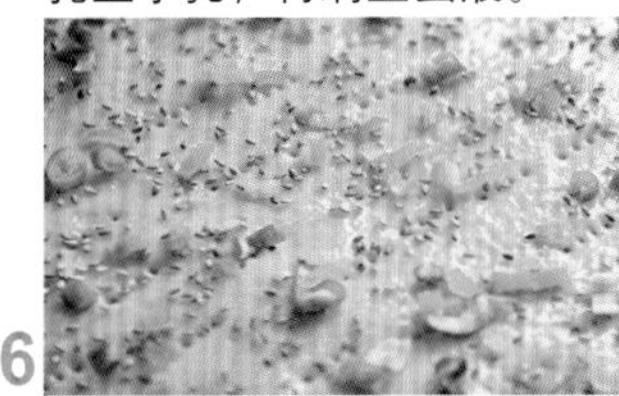

6 撒上香葱碎和白芝麻，烤箱预热210℃烤10分钟即可。

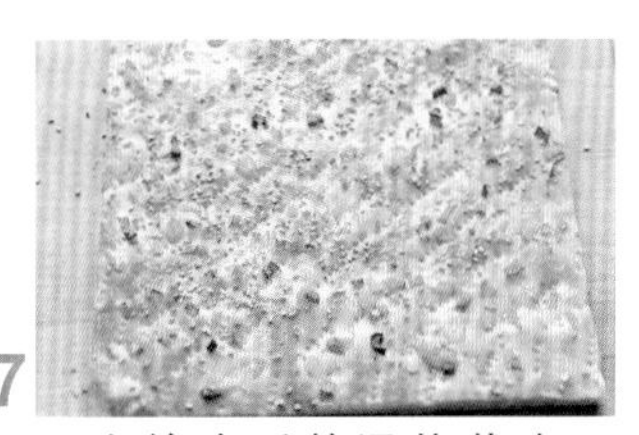

7 取出放凉后趁温热裁去四周。

8 翻面涂上沙拉酱，铺上一层肉松。在面包靠近卷起的一端多划几刀，（一定不要切断）。

9 从一端卷起，卷好的面包卷用保鲜膜紧紧地包起来固定放1小时定型。

10 用刀切去边缘再平均分成三段。

11 在切好的面包卷的两端涂上沙拉酱。

12 最后沾满肉松即可。

小兔面包

所需时间
3小时15分钟
难易度
★★☆

小兔面包

☆ 面包材料

高筋面粉……………… 150克
鸡蛋…………………… 1个
牛奶…………………… 40克
细砂糖………………… 20克
盐……………………… 2克
酵母…………………… 3克
无盐黄油……………… 15克

☆ 内馅材料

红豆沙………………… 120克

☆ 小贴士

1. 这个方子做4只小兔面包。
2. 温度可根据自家烤箱调节，中间加盖锡纸。

☆ 面包制程数据表

制法	中种法
揉和时间	35～40分钟
发酵	温度28～30℃ 发酵50～60分钟
中间发酵	15分钟
最后发酵	温度约35℃ 发酵40分钟
烘烤	温度约180℃ 烘烤15分钟

1 将面包材料中除黄油外的所有材料放在一起揉成光滑面团，加入黄油继续至拉出大片坚韧的薄膜。

2 取出面团放在温暖处发酵至约2.5倍大。

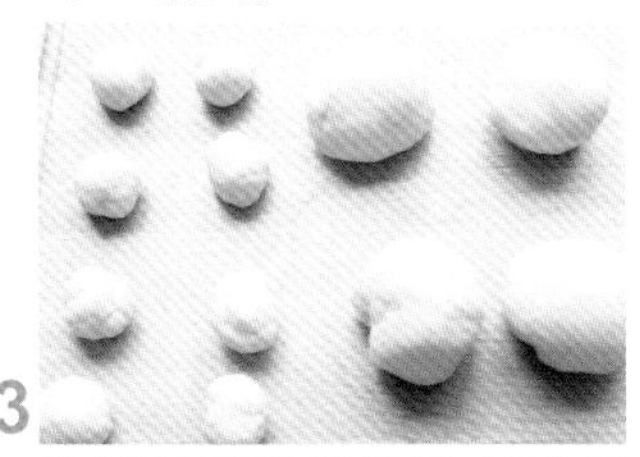

3 发好的面团取出排气，再分割成4个大面团（每个50克）、8个小面团（每个10克），滚圆盖保鲜膜后松弛15分钟。

4 将小面团擀成椭圆形。

5 然后卷成橄榄形，再用手搓成8cm的橄榄形。

6 做成兔子耳朵，放在铺了油纸的烤盘中，用手将面团一端按扁。

7 将大面团擀成圆形，包入30克红豆沙。

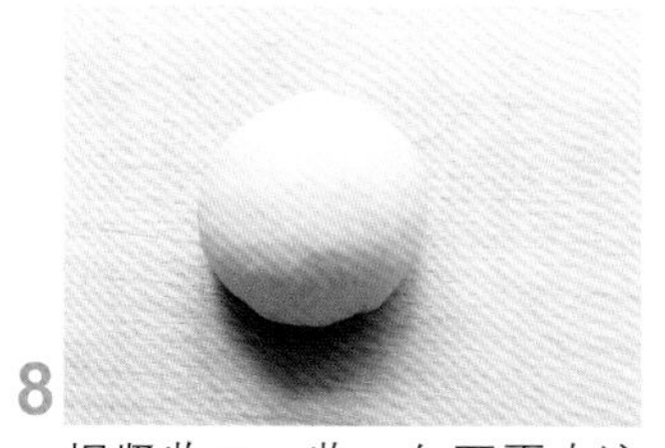

8 捏紧收口，收口向下再次滚圆。

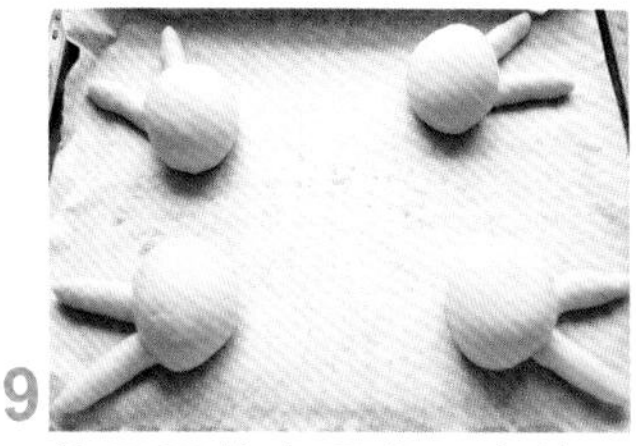

9 将面团放在耳朵压扁的一端，盖保鲜膜放温暖处发酵至约2倍大。

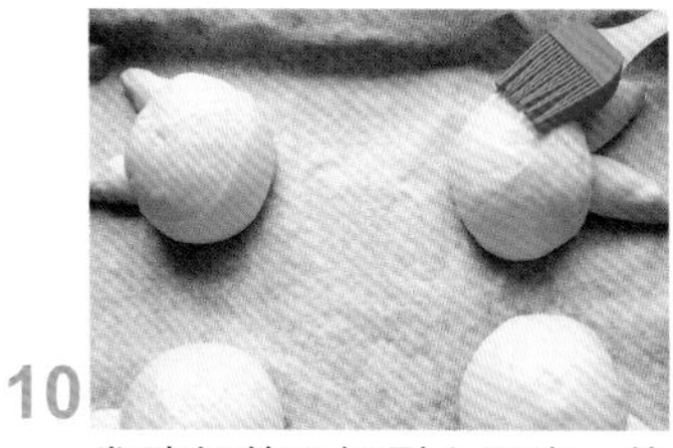

10 发酵好的面坯刷上蛋液，烤箱预热180℃烤15分钟，取出放凉后，在表面用融化的巧克力做出兔子脸形状。

南瓜布里欧小餐包

所需时间
前日40分钟
当日2小时30分钟

难易度
★★☆

南瓜布里欧小餐包

面包材料

- 高筋面粉……………… 250克
- 南瓜泥……………… 40克
- 酵母……………… 4克
- 细砂糖……………… 30克
- 鸡蛋……………… 2个
- 牛奶……………… 20克
- 无盐黄油……………… 70克

杏仁酱材料

- 无盐黄油……………… 20克
- 蛋黄……………… 10克
- 杏仁粉……………… 20克
- 糖粉……………… 20克
- 低筋面粉……………… 5克

小贴士

1.将南瓜制成南瓜泥，然后在滤网上挤掉水分。

2.冷藏发酵好的面团取出室温静置15～20分钟，回温再操作。

面包制程数据表

制法	直接法
揉和时间	35～40分钟
发酵	温度4℃ 发酵12～24小时
中间发酵	15分钟
最后发酵	温度约35℃ 发酵40分钟
烘烤	温度约180℃ 烘烤15分钟

1 先制作杏仁酱，将黄油在锅中小火熔化。

2 加入低筋面粉翻炒几下，再加入糖粉翻炒后离火。

3 分两次加入蛋黄拌匀。

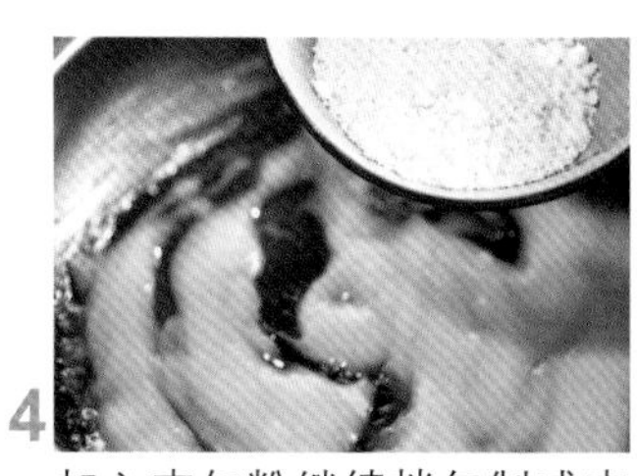

4 加入杏仁粉继续拌匀制成杏仁酱备用。

5 将除黄油以外的所有材料放在一起揉至光滑面团。分8次加入黄油揉匀至面团拉出大片薄膜，将面团放冰箱冷藏发酵12～24小时，发酵至约2.5倍大的面团。

6 将发酵好的面团取出，室温回温后将面团轻轻排气，分割成9个小面团盖保鲜膜松弛15分钟。

7 滚圆后放入方形深烤盘发酵至2倍大，表面刷上蛋液。

8 杏仁酱挤在发酵好的面坯上，烤箱预热180℃烤15分钟左右即可。

挤挤小猫面包

所需时间

3小时20分钟

难易度

★☆☆

挤挤小猫面包

面包材料

高筋面粉……………… 220克
低筋面粉……………… 30克
细砂糖……………… 40克
酵母……………… 3克
盐……………… 2克
牛奶……………… 115克
鸡蛋……………… 50克
无盐黄油……………… 30克

装饰材料

高筋面粉少许
大杏仁……………… 12个
巧克力……………… 适量

小贴士

1.杏仁也可以不用完整的，用半个也好看。
2.面包放凉再开始画小猫表情，巧克力干透才可以收起来装袋密封。

面包制程数据表

制法	直接法
揉和时间	35～40分钟
发酵	温度28～30℃ 发酵50～60分钟
中间发酵	15分钟
最后发酵	温度约35℃ 发酵40分钟
烘烤	温度约180℃ 烘烤20分钟

1 将面包材料中除黄油外的所有材料放在一起揉成光滑面团，加入黄油继续揉至拉出大片坚韧的薄膜。

2 取出面团放在温暖处发酵至约2.5倍大。

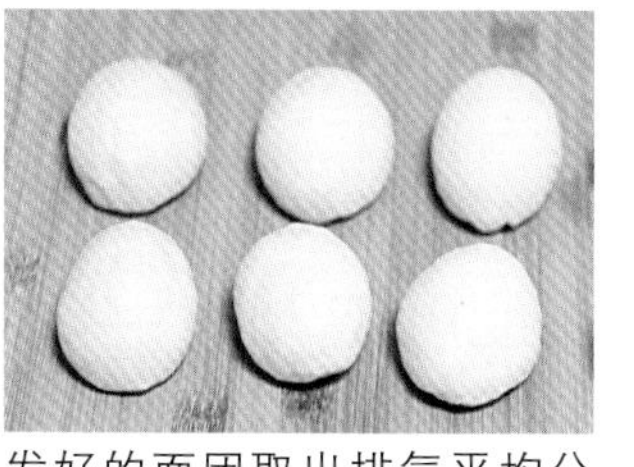

3 发好的面团取出排气平均分割成6个小面团，盖保鲜膜松弛15分钟。

4 松弛好的小面团揉圆放在深烤盘里，用剪刀在面团上部两边各剪一个小口子，杏仁的一头沾上水，插在小口子上，进行第二发酵至1.5～2倍大。

5 发好的面团表面筛一层薄薄的面粉，烤箱预热180℃的烤箱中层烤20分钟左右。出炉后脱膜凉凉，融化的巧克力装入裱花袋中，画上小猫的表情。

榴莲福气排包

所需时间
3小时
难易度
★★☆

榴莲福气排包

☆ 内馅材料

榴莲……………………120克

奶油奶酪………………20克

细砂糖…………………10克

低筋面粉………………10克

☆ 面包材料

高筋面粉………………250克

清水……………………45克

牛奶……………………50克

鸡蛋……………………50克

细砂糖…………………45克

盐………………………2克

酵母……………………4克

无盐黄油………………35克

☆ 小贴士

1. 榴莲馅的糖量根据榴莲的甜度增减。

2. 包馅的时候，封口处一定要捏紧。

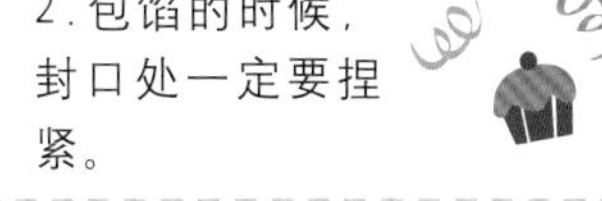

☆ 面包制程数据表

制法	直接法
揉和时间	35～40分钟
发酵	温度28～30℃ 发酵50～60分钟
中间发酵	15分钟
最后发酵	温度约35℃ 发酵40分钟
烘烤	温度约210℃ 烘烤12分钟

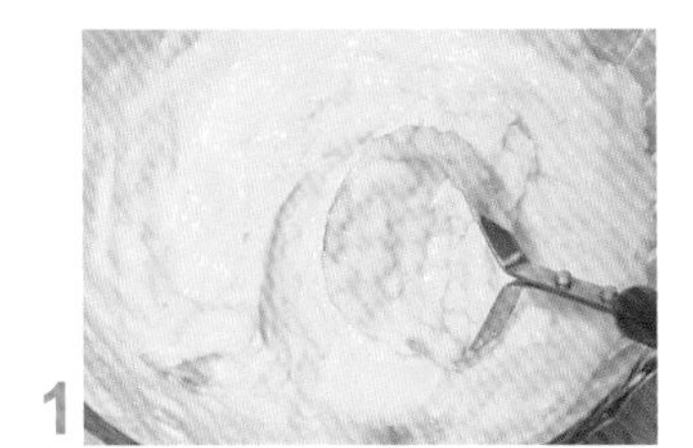

1 先制作榴莲馅，将榴莲果肉取出压成泥状。

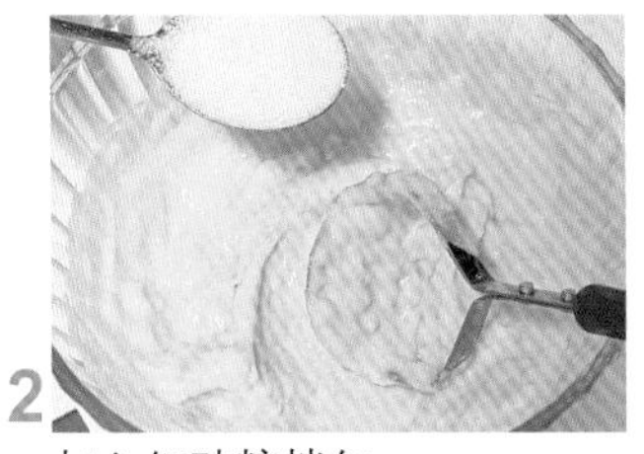

2 加入细砂糖拌匀。

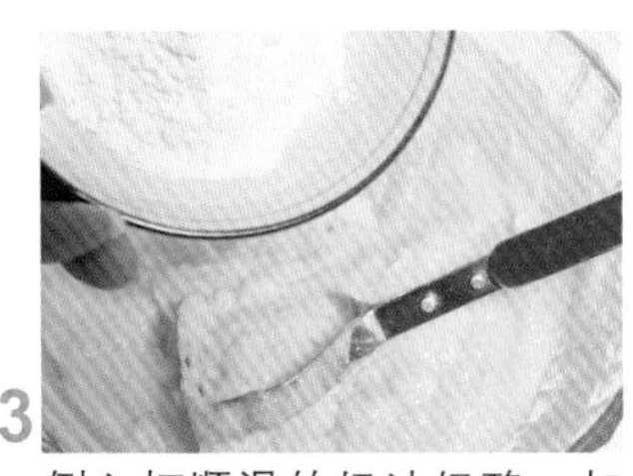

3 倒入打顺滑的奶油奶酪，加入低筋面粉拌匀冷藏备用。

4 将面包材料中除黄油外的所有材料放在一起揉成光滑面团，加入黄油继续至拉出大片坚韧的薄膜。

5 取出面团放在温暖处发酵至约2.5倍大。发酵好的面团取出排气平均分割成10个小面团，滚圆盖保鲜膜松弛15分钟。

6 取一个小面团擀成长圆形。

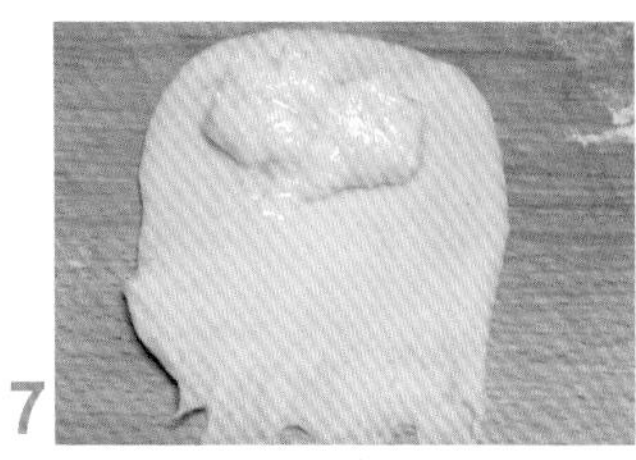

7 在面皮的上部放上榴莲馅。

8 把面团上部分翻过来紧紧包住馅料，面团底边压薄。

9 自上而下卷紧成捏紧成橄榄形。

10 放入深烤盘中，加盖保鲜膜发酵至2倍大，表面涂刷蛋液，烤箱210℃烤12分钟左右即可。

苏苏的烘焙心得——面包篇

1.做面包的5个基础关键点

一是精确计量，分量的些微差别会影响面团的发酵及烘烤后的口感。最好选用可以精确到1克的电子秤。

二是材料的温度把控好，黄油、鸡蛋和牛奶等材料需要提前1小时从冰箱中取出，使之恢复常温。特别是黄油一定要室温软化好。

三是用水或液体适量，因为季节、温度、湿度等原因都会影响面粉的吸水性，不论用哪个方子，最好留下10克左右的液体备用，视情况再添加。

四是防止面团变干，发酵过程中，为了防止面团发干，可采取加盖保鲜膜或湿巾等方法。在分割和成形时，暂时搁置不用的面团应放在保鲜膜或油布中包裹好。

五是时间与温度的拿捏，书中的发酵、烘烤时间和温度等数据仅供参考。季节、温度及烤箱的不同，时间与温度也会有所变化，应当视情况调整。通常，冬天发酵时间较长，而夏天发酵时间较短。

2.面包口感发硬的原因

一是揉面不达标，揉面不到位或揉面过度，都会影响面团膨胀，从而导致面包干硬。要先把面团揉至表面光滑，再添加黄油，揉至拉开大片透明通透的膜即是扩展阶段，揉至拉开透明通透的膜却非常坚韧即是完全阶段。

二是发酵不足也会导致面包口感干硬。温度和湿度都是影响发酵的重要因素。第一次发酵至原来的2.5倍大，用手指沾干粉从中间插入面团，如果所形成的小洞还维持原状，不会往内缩，就表示已发酵完成。第二次发酵，至原来的1.5～2倍大即是发酵完成。

三是面团发酵过程变干也会影响口感，因此在发酵过程中，一定要防止面团干燥。

3.面包的内部组织不柔细的原因

面团第一次发酵后，一定要压平排气，这个步骤可以使面团内的孔洞变得更柔细，从而使面包的质地变得更细致。软质面团，要用手压平，把面团里的二氧化碳完全挤压出来。如是硬式面包等种类的面团，只要稍微进行排气就可以。

4.避免面包塑形失败的方法

一是整形前松弛时间要足，面团排气后分割成小面团滚圆，将收口朝下，盖保鲜膜静置15～20分钟。二是整形翻卷前，要检查擀压面团厚度是否一致。三是整形翻卷时，动作要轻一些，不要卷得太紧。四是收口一定要捏紧，收口或卷口末端必须朝下。五是发酵要充足，一般整形后面团要膨胀至原本大小的1.5～2倍才说明发酵完成。

5.面包的保存

软质面包出炉后放凉至略温热时即密封装袋保存，硬质面包待完全凉透后再密封装袋保存。如果需要冷冻保存，即面包刚刚冷却时就放进冰箱冷冻最好。软质面包取出直接回温解冻就可以，硬质面包回温解冻后要先喷水再210℃约烤5分钟就可以。

The Staple Food of Bread
主食面包

主食面包配料相对简单，含油量不大，含糖量也低，更易突显面粉的香气。由于主食面包中添加了含纤维素的麸皮、谷物，杂粮等配料，使面包的营养成分趋向全面，更有益健康。

当咬开外表不够惊艳的主食面包时，立刻会找到感动味蕾的存在。在享受美味的同时，也收获了健康。让我们动起手来吧，从制作健康面包开始，和家人一起开始享受烘焙的美妙时光！

迷你牛肉汉堡

☆ 面包制程数据表

制法	65℃汤种法
揉和时间	约40分钟
发酵	温度28～30℃ 发酵约60分钟
中间发酵	15分钟
最后发酵	温度约35℃ 发酵约50分钟
烘烤	温度约210℃ 烘烤10分钟

所需时间
前日5分钟
当日3小时15分钟

难易度
★★☆

迷你牛肉汉堡

☆ 面包材料

高筋面粉…………………… 270克
鸡蛋………………………… 35克
牛奶………………………… 35克
淡奶油……………………… 55克
细砂糖……………………… 50克
65℃汤种…………………… 80克
盐…………………………… 2克
酵母………………………… 6克
植物油……………………… 28克

☆ 内馅材料

牛肉………………………… 250克
酱油………………………… 2大勺
黑胡椒……………………… 适量
盐适量
橄榄油……………………… 1大勺
料酒………………………… 1大勺
白糖………………………… 5克
花椒………………………… 2克
生菜………………………… 适量
番茄酱……………………… 适量
沙拉酱……………………… 适量

☆ 小贴士

1.花椒用清水提前泡好，只取花椒水，花椒弃之不用。
2.面包进行第一次发酵时，就可以把牛肉馅拌好放置入味。
3.可以根据喜欢的大小分割小面团，也可以做成大汉堡。
4.65℃汤种用170克清水加34克高粉拌匀，再用小锅煮至65℃呈面糊状即可，煮汤种时要小火边煮边搅拌。汤种放凉后冷藏24
小时使用最佳。

1 将面包材料中所有材料放一起揉至面团拉出大片坚韧的薄膜。

2 面团放温暖处发酵至约2.5倍大。

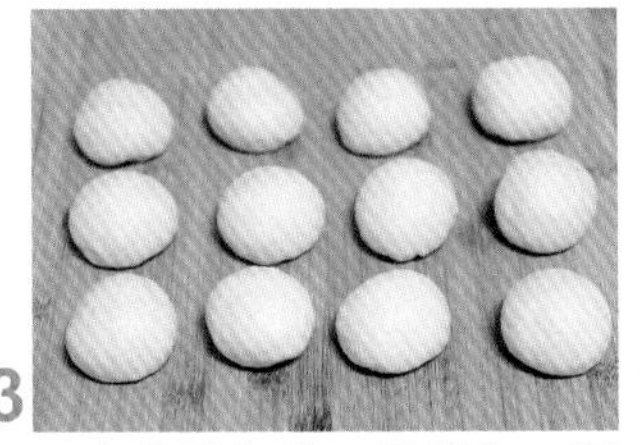

3 取出发酵好的面团排气，平均分成16个或12个小面团盖保鲜膜松弛15分钟。

4 取一个小面团收紧滚圆，模具上涂一层薄薄的黄油，把滚圆的小面团放进去发酵至约2倍大。

5 发好的面团表面刷蛋液，撒上白芝麻，烤箱预热210℃烤10分钟即可。

6 面包烤好后，取出放凉，从面包中间切开分成两片。

7 发面团的同时，牛肉冷水泡去血水，切成细小的肉末，加入香葱碎和姜末拌匀。

8 依次倒入提前泡好的花椒水、料酒、酱油、橄榄油、白糖、黑胡椒、盐，用筷子向一个方向搅拌至出筋盖保鲜膜入味。面包烤好后，取出肉馅做成圆形肉饼，放锅里用油煎熟取出。

9 切开的面包，取下半部分铺上生菜叶。

10 放上煎好的牛肉饼，挤上番茄酱、沙拉酱，再铺上生菜叶，盖上另一半面包即可。

苹果乳酪包

所需时间
3小时10分钟

难易度
★★☆

苹果乳酪包

面包材料

- 高筋面粉…………………225克
- 低筋面粉…………………25克
- 细砂糖…………………40克
- 鸡蛋…………………25克
- 盐…………………2克
- 酵母…………………3克
- 奶粉…………………10克
- 水…………………120克
- 无盐黄油…………………25克

内馅材料

- 苹果泥…………………20克
- 奶油奶酪…………………75克
- 细砂糖…………………20克

装饰材料

- 苹果…………………1个
- 燕麦片…………………适量

小贴士

1.提前将奶酪软化加入糖打顺滑，放入苹果泥搅匀拌成馅。

2.包好馅两端，封口捏紧。

3.表面切口不用太深，插住苹果片就好。

面包制程数据表

制法	直接法
揉和时间	35～40分钟
发酵	温度28～30℃ 发酵50～60分钟
中间发酵	15分钟
最后发酵	温度约35℃ 发酵40分钟
烘烤	温度约180℃ 烘烤15分钟

1 将面包材料中除黄油以外的所有材料全部放在一起揉至光滑面团。

2 再放入黄油揉至拉出大片坚韧的薄膜，放温暖处发酵至2.5倍大。

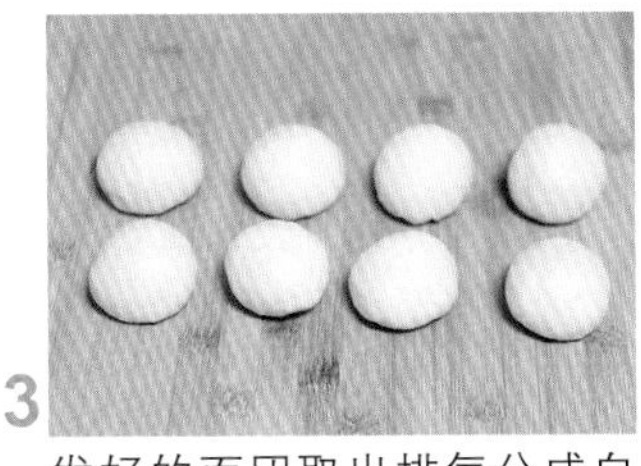

3 发好的面团取出排气分成自己喜欢大小的面团，盖保鲜膜松弛15分钟。

4 取一个小面团擀成方形面饼。

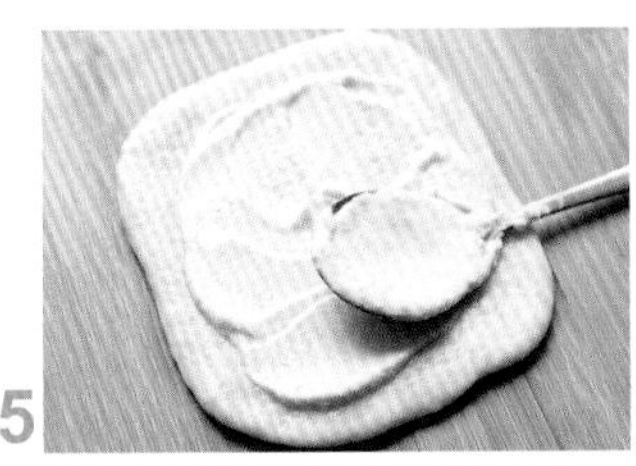

5 奶油奶酪加入糖、苹果泥，提前搅匀拌成乳酪馅，将乳酪馅涂抹在方形面饼上。

6 两端向中间叠起。

7 把封口捏紧向下放入烤盘，放温暖处发酵至约2倍大。

8 发酵好的面团表面刷上蛋液。

9 表面横切几刀，放上苹果片，撒上燕麦片，烤箱预热180℃烤15分钟即可。

牛油砂糖面包

所需时间
3小时10分钟
难易度
★☆☆

牛油砂糖面包

面包材料

- 高筋面粉……………… 230克
- 低筋面粉……………… 20克
- 细砂糖……………… 30克
- 盐……………… 2克
- 酵母粉……………… 3克
- 鸡蛋……………… 1个
- 牛奶……………… 50克
- 淡奶油……………… 60克
- 无盐黄油……………… 30克

表面装饰

- 蛋液……………… 少许
- 无盐黄油……………… 少许
- 粗砂糖……………… 少许

小贴士

1.最后装饰用的黄油一定用冷冻的。

2.中间可以加盖锡纸以免上色过重。

面包制程数据表

制法	直接法
揉和时间	35～40分钟
发酵	温度28～30°C 发酵50～60分钟
中间发酵	15分钟
最后发酵	温度约35°C 发酵40分钟
烘烤	210°C烘烤12分钟

1 将面包材料中除黄油外的所有材料放一起揉成光滑面团。

2 加入黄油继续揉至拉出大片坚韧的薄膜，面团放温暖处发酵至2.5倍大。

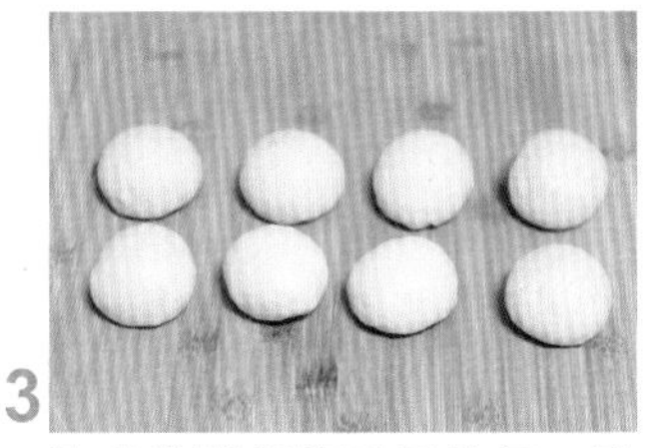

3 取出发酵好的面团排气，平均分成8个小面团盖保鲜膜松弛15分钟。

4 取一个小面团擀成小圆饼。

5 擀好的小面饼放在黄金烤盘中发酵至约2倍大。

6 发酵好后面坯刷蛋液，表面摁几个小洞，放上小块黄油，撒上粗砂糖。烤箱预约210°C烤约12分钟。

牛奶软面包
所需时间
前日40分钟
当日3小时
难易度
★★☆

牛奶软面包

☆ 中种面团材料

高筋面粉…………………150克
牛奶………………………110克
细砂糖……………………2克
酵母………………………2.5克

☆ 主面团材料

高筋面粉…………………100克
牛奶………………………65克
细砂糖……………………40克
无盐黄油…………………25克
酵母………………………1克
盐…………………………2克

☆ 小贴士

1.模具涂抹一层薄薄的黄油。
2.烘烤温度和时间可以根据自家烤箱调整，中间加盖锡纸。
3.使用两个6寸的圆模具。

☆ 面包制程数据表

制法	中种法
揉和时间	35～40分钟
发酵	温度28～30℃ 发酵50～60分钟
中间发酵	15分钟
最后发酵	温度约35℃ 发酵40分钟
烘烤	180℃烘烤15～18分钟

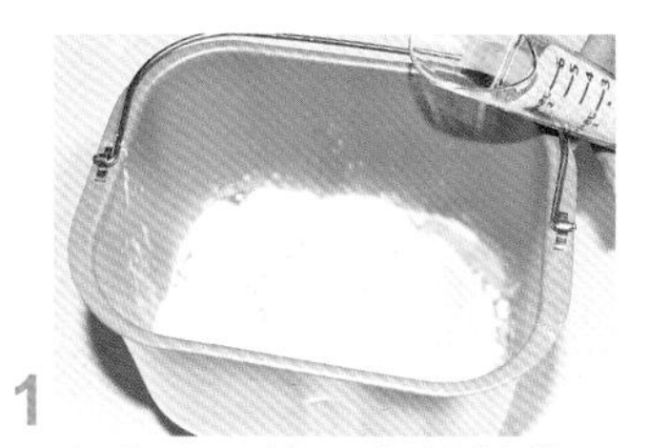

1 中种面团的所有材料放一起，揉至光滑面团发酵至1.5倍大，放冰箱冷藏过夜。

2 将发好的中种面团撕小块和主面团中除黄油外的所有材料一起，揉至光滑面团。加入黄油继续揉至拉出大片坚韧的薄膜，面团放温暖处发酵至2.5倍大。

3 取出发酵好的面团排气，平均分成14个小面团盖保鲜膜松弛15分钟。

4 松弛好的小面团重新滚圆，每7个一组放在模具中，放温暖处发酵至约2倍大。

5 发好的面团表面刷蛋液。

6 撒上芝麻，烤箱预热180℃烤15～18分钟。

蔓越莓纸杯面包

所需时间
前日40分钟
当日2小时

难易度
★☆☆

蔓越莓纸杯面包

材料

- 高筋面粉…………………… 240克
- 低筋面粉…………………… 30克
- 细砂糖……………………… 60克
- 酵母………………………… 5克
- 盐…………………………… 2克
- 鸡蛋………………………… 2个
- 牛奶………………………… 50克
- 无盐黄油…………………… 60克
- 蔓越莓干…………………… 40克
- 柠檬的皮屑………………… 1个

小贴士

1. 取柠檬皮屑时，不要里面白色的皮，否则易发苦。
2. 发酵好的面团从冰箱取出盖保鲜膜静置15分钟左右回温。
3. 为节省时间，前日晚上把面团做好放冰箱冷藏发酵，第二日上午做面包。

面包制程数据表

制法	直接法
揉和时间	约40分钟
发酵	冷藏发酵 12小时左右
中间发酵	30分钟
最后发酵	温度约35℃ 发酵约50分钟
烘烤	温度约180℃ 烘烤15分钟

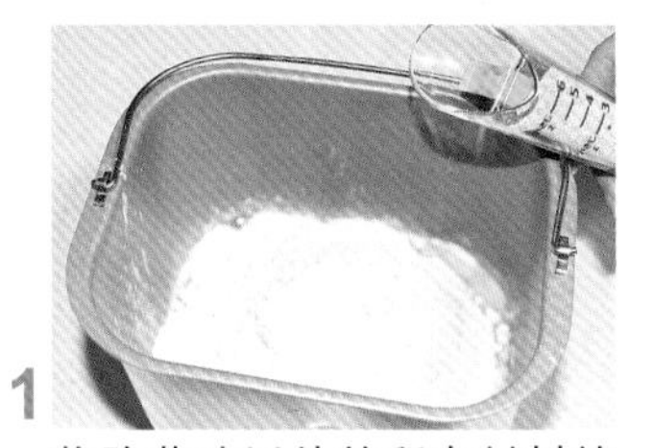

1 将除黄油以外的所有材料放在一起，揉成光滑面团。

2 再分6次加入黄油，充分揉匀。面团揉至拉出大片薄膜放进冰箱冷藏发酵12小时左右至约2.5倍大。

3 取出发好酵的面团回温后，排气分割成10个小面团，盖上保鲜膜松弛30分钟。

4 重新把小面团滚圆，放入纸杯模具，温暖处发酵至约2倍大。

5 发酵好的面团表面刷蛋液，烤箱预热180℃烤15分钟即可。

豆浆玉米面包

豆浆玉米面包

面包材料

- 高筋面粉…………………… 180克
- 低筋面粉…………………… 20克
- 自制豆浆…………………… 130克
- 酵母………………………… 3克
- 细砂糖……………………… 25克
- 熟玉米粒…………………… 30克
- 盐…………………………… 2克
- 玉米油……………………… 15克
- 蛋液………………………… 少许
- 白芝麻……………………… 适量

小贴士

1.豆浆的量根据自制的稠度增减，建议选留出15克左右，慢慢加入，酌情增减。

2.用擀面杖顶部沾少许清水再沾满白芝麻在面坯中间点一下，操作时要轻轻地，不要用力。

面包制程数据表

制法	直接法
揉和时间	35～40分钟
发酵	温度28～30℃ 发酵50～60分钟
中间发酵	15分钟
最后发酵	温度约35℃ 发酵40分钟
烘烤	210℃烘烤10分钟

1 将面包材料中除玉米油和玉米粒以外的所有材料全部放在一起揉成光滑面团，分3次加入玉米油，揉至拉出大片坚韧的薄膜，放入玉米粒揉匀，面团放温暖处发酵至约2.5倍大。

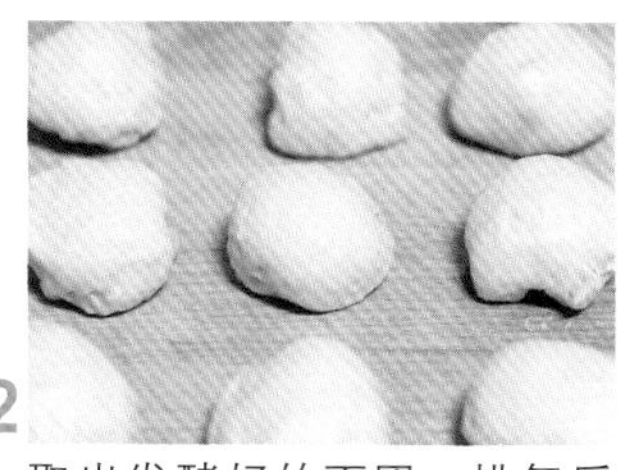

2 取出发酵好的面团，排气后分割成12个小面团，滚圆后盖保鲜膜松弛15分钟。

3 取一个小面团，压扁排气再滚圆。

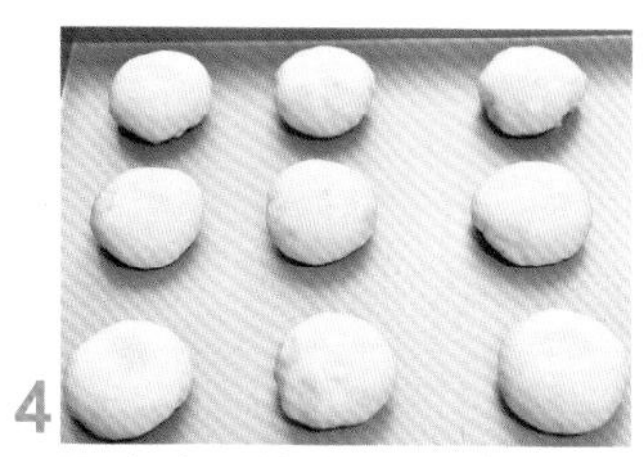

4 再次滚圆的小面团放入黄金烤盘，放温暖处发酵至约2倍大。

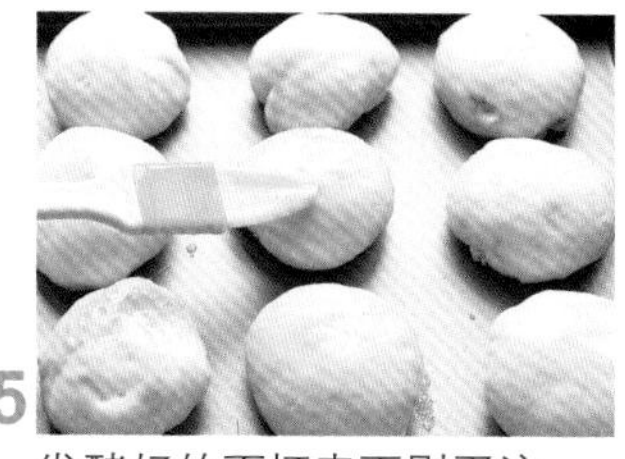

5 发酵好的面坯表面刷蛋液。

6 用擀面杖顶部沾少许清水再沾满白芝麻在面坯中间点一下，烤箱预热210℃烤10分钟即可。

椰蓉泡浆面包
所需时间
3小时10分钟
难易度
★★☆

椰蓉泡浆面包

面团材料

- 高筋面粉……………… 255克
- 奶粉……………………… 12克
- 细砂糖…………………… 50克
- 盐………………………… 3克
- 酵母……………………… 4克
- 牛奶……………………… 170克
- 无盐黄油………………… 15克

泡浆材料

- 椰汁……………………… 110克
- 细砂糖…………………… 30克

小贴士

1. 椰浆就是把椰汁和细砂糖一起拌匀。
2. 烘烤过程中要加盖锡纸。

面包制程数据表

制法	直接法
揉和时间	35～40分钟
发酵	温度28～30℃ 发酵50～60分钟
中间发酵	15分钟
最后发酵	温度约35℃ 发酵40分钟
烘烤	上火180℃ 下火200℃ 约烤20分钟

1 将面包材料中除黄油外的所有材料放一起揉成光滑面团。

2 加入黄油继续揉至拉出大片坚韧的薄膜，面团放温暖处发酵至2.5倍大。

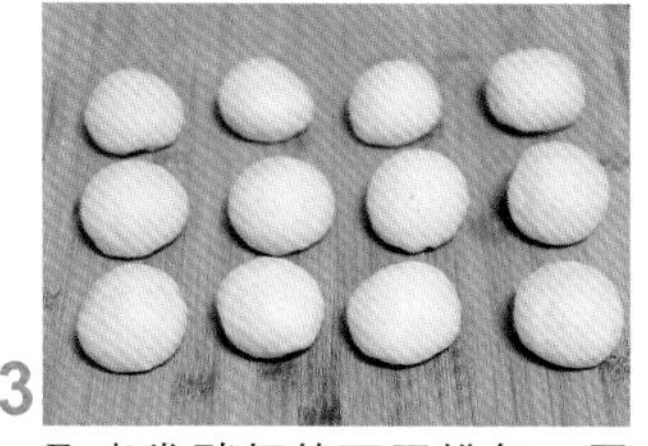

3 取出发酵好的面团排气，平均分成12个小面团盖保鲜膜松弛15分钟。

4 取一个小面团滚圆，模具上涂一层薄薄的黄油，把面团放进去发酵至约2倍大。

5 发好的面团，把椰浆浇在面包坯表面。

6 表面再撒上一层椒蓉，烤箱预热180℃，上火180℃下火200℃，约烤20分钟。

无油蛋黄面包卷

所需时间

3小时30分钟

难易度

★★☆

无油蛋黄面包卷

材料

- 高筋面粉……………… 220克
- 低筋面粉……………… 20克
- 蛋黄……………………… 2个
- 全蛋……………………… 1个
- 牛奶……………………… 70克
- 细砂糖…………………… 50克
- 酵母……………………… 3克
- 盐………………………… 2克

小贴士

1.整形时，小面团全部整成水滴状后一定要盖保鲜膜松弛15分钟。充分松弛的面团卷起来不易断裂。

2.小水滴面团擀开时，用力要均匀，轻轻向下拉伸。

面包制程数据表

制法	直接法
揉和时间	35～40分钟
发酵	温度28～30℃ 发酵50～60分钟
中间发酵	30分钟
最后发酵	温度约35℃ 发酵40分钟
烘烤	180℃烘烤15分钟

1 将所有材料放在一起揉至拉出大片坚韧的薄膜。

2 面团放温暖处发酵至2.5倍大。

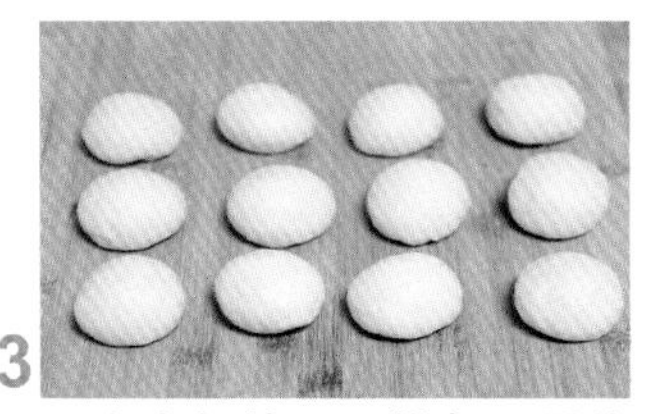

3 取出发好的面团排气，平均分成12个小面团盖保鲜膜松弛15分钟。

4 取一个小面团擀成圆形饼状。

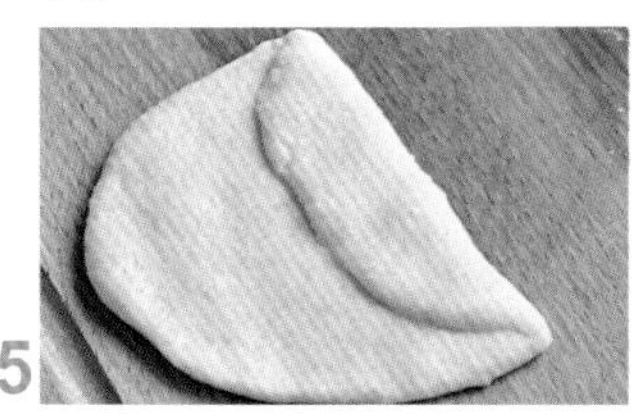

5 面饼的一端折向中间，用手掌根部压紧。

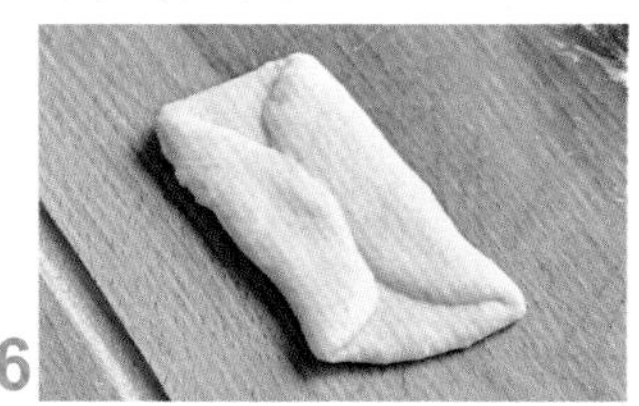

6 另一端也折向中间，再用手掌根部压紧。

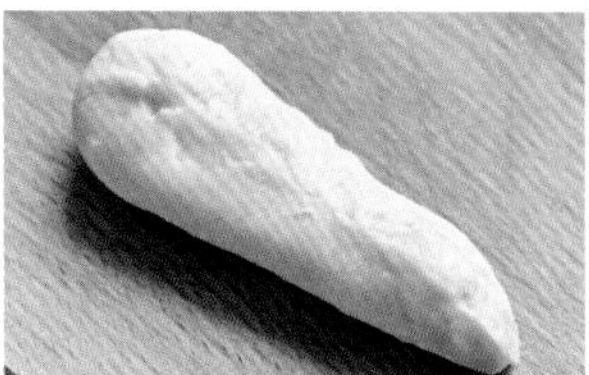

7 将面团的一端略微施力，揉成水滴状。

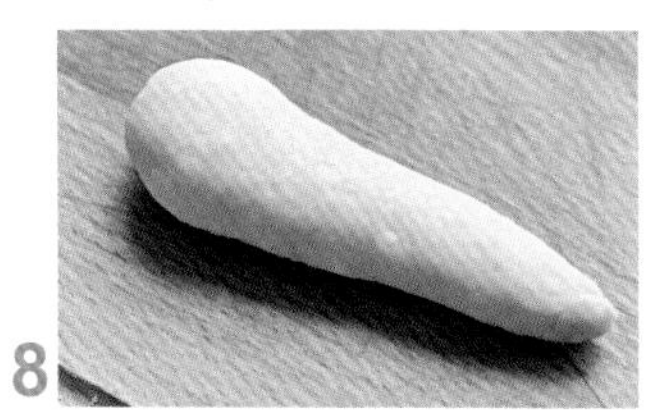

8 所有小团面都做成水滴状后收口向下，盖保鲜膜松弛15分钟。

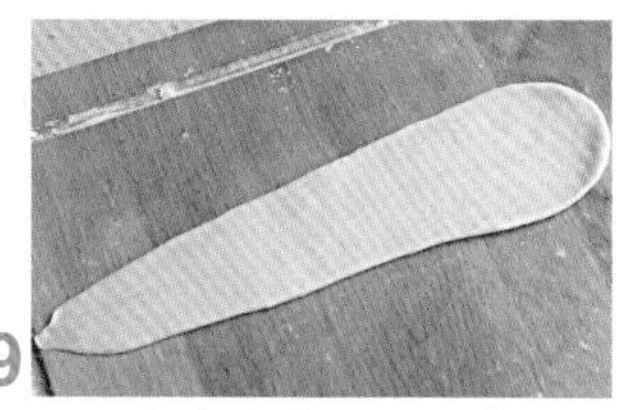

9 取一个水滴状面团，收口向上，从中间向上擀开，左手拉伸下半部分面团，右手将面团自中间向下擀开。

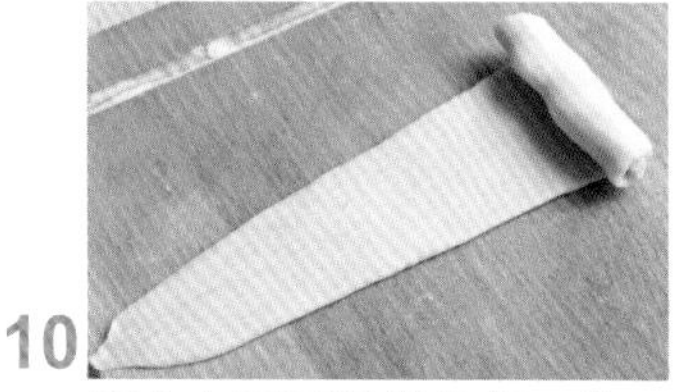

10 再自上而下轻轻卷起，收口处压薄并捏紧。

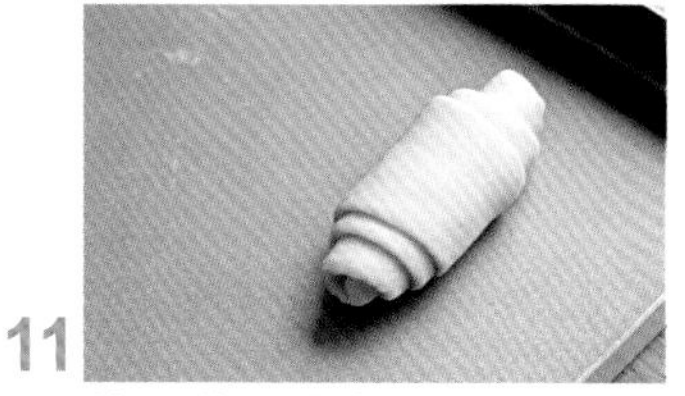

11 放入黄金烤盘发酵至约2倍大。

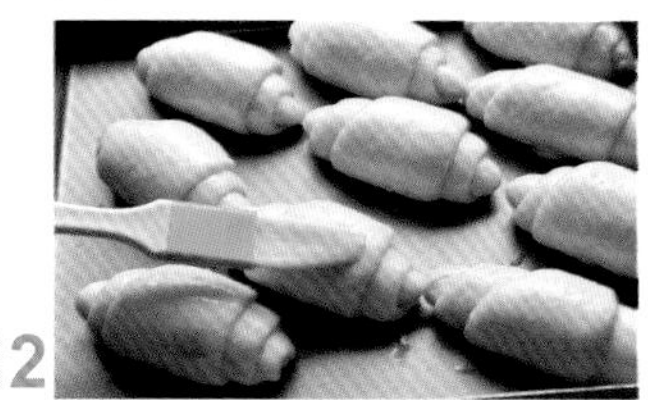

12 发好的面团表面刷蛋液，烤箱预热180℃烤15分钟左右。

日式香浓炼奶面包

所需时间
3小时10分钟
难易度
★☆☆

日式香浓炼奶面包

面包材料

- 高筋面粉……………… 180克
- 低筋面粉……………… 20克
- 细砂糖………………… 20克
- 牛奶…………………… 130克
- 炼奶…………………… 20克
- 盐……………………… 2克
- 无盐黄油……………… 20克
- 酵母…………………… 3克

炼奶酱材料

- 无盐黄油……………… 20克
- 炼奶…………………… 20克

小贴士

1. 烘烤温度和时间根据自家的烤箱调节。
2. 面包表面也可撒上杏仁片或葡萄干一起烤。
3. 模具用6寸的中空烟囱模具。

面包制程数据表

制法	直接法
揉和时间	35～40分钟
发酵	温度28～30℃ 发酵50～60分钟
中间发酵	15分钟
最后发酵	温度约35℃ 发酵40分钟
烘烤	200℃烘烤18分钟

1 将面包材料中除黄油外的所有材料放在一起揉成光滑面团。加入黄油继续揉至拉出大片坚韧的薄膜，面团放温暖处发酵至2.5倍大。

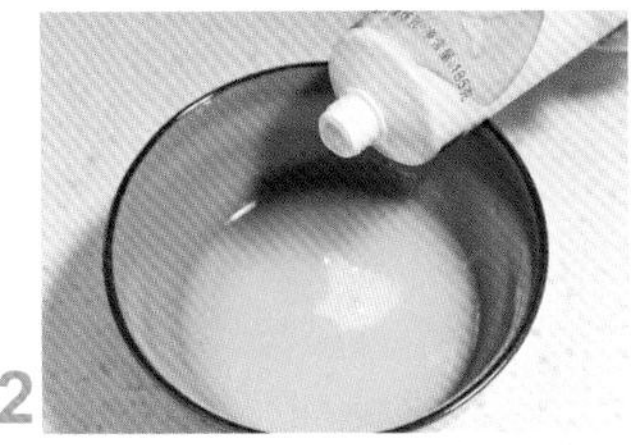

2 发酵的同时开始做炼奶酱，将20克黄油融化后加入20克炼乳一起拌匀备用。

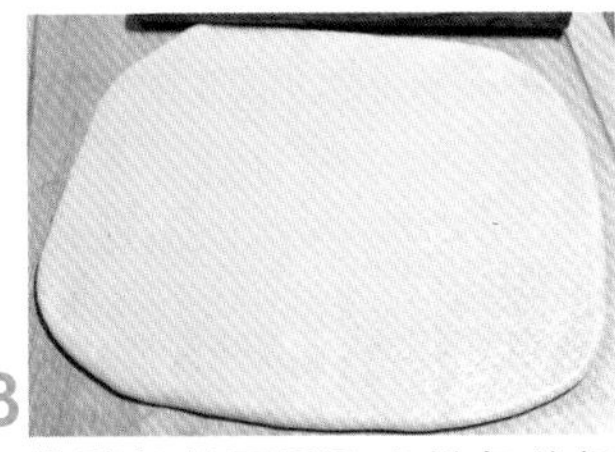

3 发酵好的面团取出排气盖保鲜膜松弛15分钟，再擀成约长方形面饼。

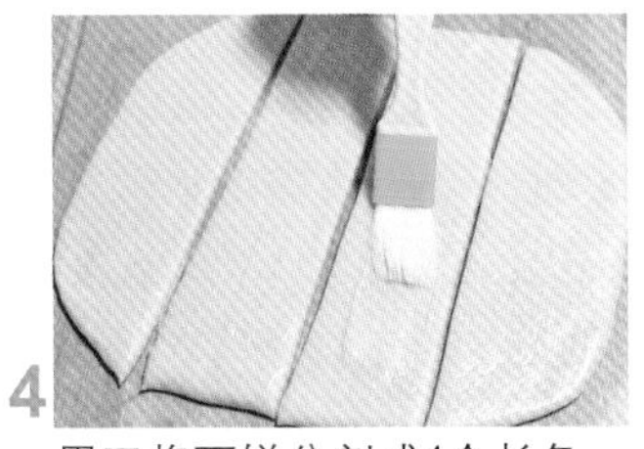

4 用刀将面饼分割成4个长条，表面刷上炼奶酱。

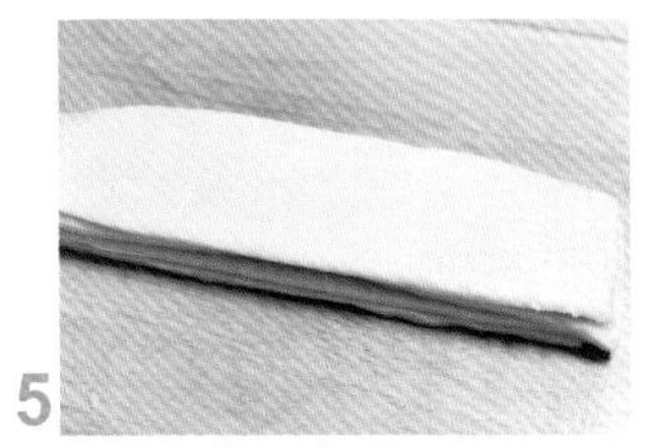

5 将涂满炼奶酱的面条一个压一个叠高。

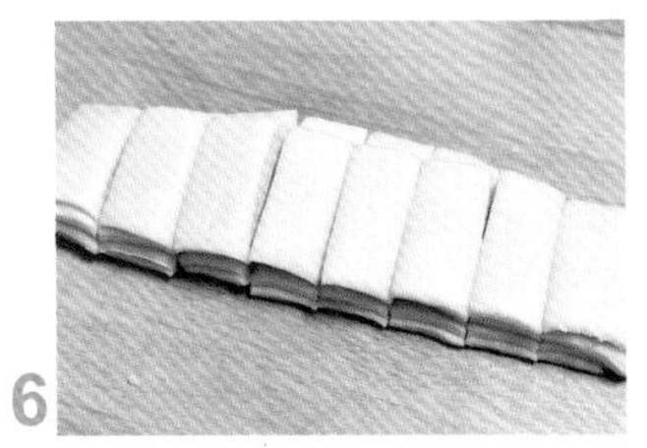

6 再用刀平均分切成8份。

7 中空模具涂上一层薄薄的黄油，把分好的8份面块如图竖起来垂直贴着烟囱排入模具内底部，放温暖处发酵至约2倍大。

8 发好的面团表面刷上蛋液，烤箱预热200℃烤约18分钟即可。

蜂蜜小面包
所需时间
3小时10分钟
难易度
★★☆

蜂蜜小面包

面包材料

- 高筋面粉……………… 190克
- 低筋面粉……………… 20克
- 酵母……………………… 3克
- 盐………………………… 2克
- 蛋液……………………… 60克
- 细砂糖…………………… 35克
- 奶粉……………………… 9克
- 水………………………… 75克

脆底材料

- 白芝麻…………………… 5克
- 细砂糖…………………… 8克
- 蜂蜜……………………… 适量
- 玉米油…………………… 适量

表面装饰

- 白芝麻…………………… 适量
- 蜂蜜水…………………… 适量

小贴士

1. 卷起来后，收口一定要捏紧，否则容易开。
2. 切开放在烤盘中，摆放得相对密一点儿。

面包制程数据表

制法	直接法
揉和时间	35～40分钟
发酵	温度28～30℃ 发酵50～60分钟
中间发酵	15分钟
最后发酵	温度约35℃ 发酵40分钟
烘烤	180℃烘烤15分钟

1 将所有面包材料放在一起揉至拉出大片坚韧的薄膜，面团发酵至约2.5倍大。

2 发好的面团取出排气，平均分成10份盖保鲜膜松弛15分钟。

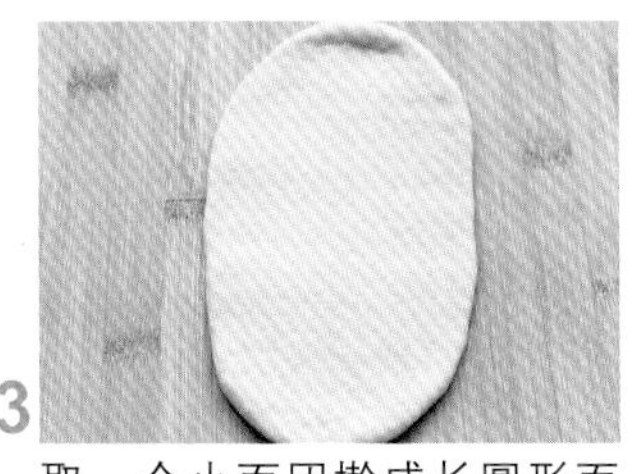

3 取一个小面团擀成长圆形面饼。

4 从一端卷起来，收口捏紧。

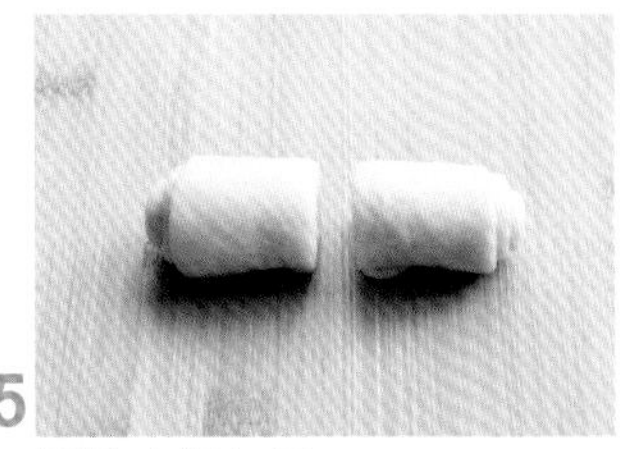

5 再从中间切开。

6 深烤盘里倒少许玉米油、细砂糖、白芝麻和蜂蜜涂匀。

7 把切好的小面团放在烤盘里，放温暖处发酵至约2倍大。

8 发酵好的面团，表面刷蜂蜜水，撒白芝麻，烤箱预热180℃烤15分钟左右。

心形淡奶烫种小包

所需时间
3小时10分钟
难易度
★★☆

心形淡奶烫种小包

面包材料

高筋面粉…………………… 300克
酵母…………………… 4克
细砂糖…………………… 40克
淡奶油…………………… 80克
清水…………………… 90克
蛋液…………………… 50克
烫种…………………… 40克
无盐黄油…………………… 30克
盐…………………… 2克

面包馅料

葡萄干…………………… 80克
朗姆酒…………………… 适量

烫种材料

高筋面粉…………………… 20克
沸水…………………… 20克
细砂糖…………………… 2克

小贴士

1. 如果不喜欢朗姆酒，也可以用清水泡葡萄干，不论朗姆酒或清水泡过最后都要沥干表面水分。
2. 模具是心形4英寸黄金模具。

面包制程数据表

制法	烫种法
揉和时间	35～40分钟
发酵	温度28～30℃ 发酵50～60分钟
中间发酵	15分钟
最后发酵	温度约35℃ 发酵40分钟
烘烤	180℃烘烤15分钟

1 先制作烫种。将烫种材料中的细砂糖溶入沸水中离火，倒入高筋面粉搅匀成烫种放凉。再与黄油以外的面包材料放在一起揉至光滑面团。

2 放入黄油将面团揉至能拉出大片坚韧的薄膜，放温暖处发酵至2.5倍大。

3 发酵好的面团取出排气，分成每个50克的小面团，盖保鲜膜松弛15分钟。

4 取一块小面团，擀成圆形。

5 包入朗姆酒泡过的葡萄干。

6 包好后封口，捏紧呈橄榄形。

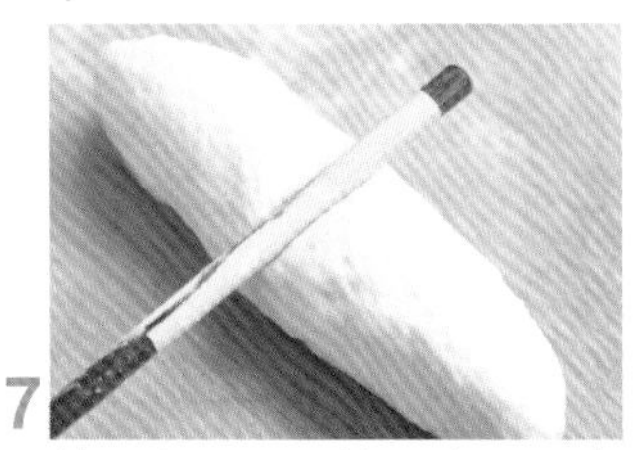

7 封口向下，用筷子在面团中心纵向压出折痕。

8 将压出折痕的面两头对折捏实。

9 整形好的面团放入模具发酵至约2倍大。

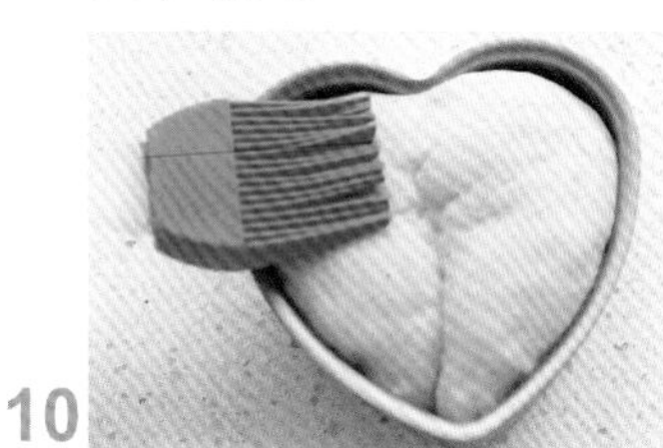

10 发好的面坯表面刷上蛋液，烤箱预热180℃烤15分钟。

咕咕霍夫中种面包

所需时间
6小时10分钟
难易度
★★☆

咕咕霍夫中种面包

☆ 果料

白兰地……………………50克
葡萄干……………………30克
蔓越莓干…………………15克
蓝莓干……………………15克
杏仁片……………………10克

☆ 中种面团材料

高筋面粉…………………60克
酵母………………………1.5克
牛奶………………………30克

☆ 主面团材料

中种面团…………………90克
高筋面粉…………………120克
酵母………………………2克
细砂糖……………………30克
盐…………………………1克
蛋液………………………20克
牛奶………………………50克
无盐黄油…………………40克

☆ 小贴士

1.可以将果料中除杏仁干外的各种果干洗净沥干水放白兰地中泡6小时。
2.模具要涂一层薄薄的黄油。

☆ 面包制程数据表

制法	中种法
揉和时间	35～40分钟
发酵	温度28～30℃ 发酵50～60分钟
中间发酵	15分钟
最后发酵	温度约35℃ 发酵40分钟
烘烤	200℃烘烤15分钟

1 将中种面团材料混合成稍有筋度的面团放室温发酵3小时。

2 发酵好的中种面团撕成小块和主面团材料中，除黄油外的所有材料一起揉成光滑面团，再将黄油分5次加入面团，每次都要充分吸收。

3 揉至面团可以拉出大片坚韧的薄膜，再加入果干和杏仁片揉匀。

4 面团放温暖处发酵至约2.5倍大。

5 模具上涂上黄油，底部放杏仁片，发好的面团分成每个75克的小面团松弛15分钟。取一个小面团用手指在面团中间戳洞，慢慢拉成环状，放入模具发酵约2倍大。

6 发酵好的面团表面刷蛋液，烤箱预热200℃烤约15分钟，取出脱模放凉筛糖粉。

红糖全麦吐司
所需时间
3小时30分钟
难易度
★★☆

红糖全麦吐司

☆ 材料

高筋面粉……………… 220克
全麦面粉……………… 35克
温水…………………… 20克
淡奶油………………… 90克
鸡蛋…………………… 50克
盐……………………… 2克
红糖…………………… 45克
植物油………………… 20克
酵母…………………… 4克

☆ 小贴士

1. 烘烤过程中要加盖锡纸。
2. 烘烤温度和时间要根据自家烤箱调整。

☆ 面包制程数据表

制法	直接法
揉和时间	约40分钟
发酵	温度28～30℃ 发酵约60分钟
中间发酵	15分钟
最后发酵	温度约35℃ 发酵约50分钟
烘烤	185℃烘烤35～40分钟

1 先将红糖用温水化开，然后和其他材料一起揉成面团，揉至面团呈完全状态，能拉出可以用手撑开形成一张半透明不易破的薄膜，用手戳破，破洞边缘光滑。

2 面团放在温暖处发酵至约2.5倍大。

3 取出面团排气，平均分割成3个小面团，盖保鲜膜松弛15分钟。

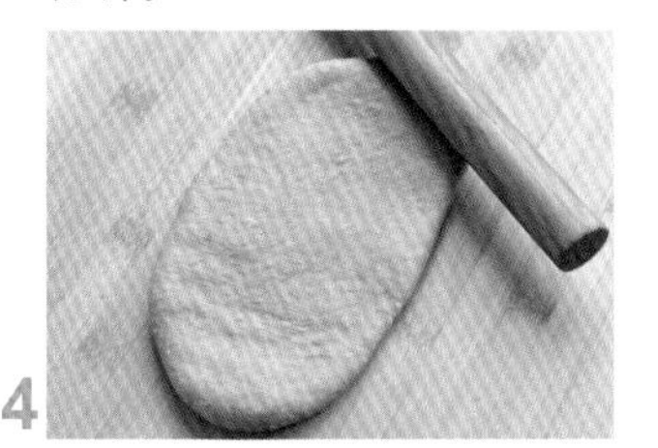

4 取一个小面团擀成椭圆形。

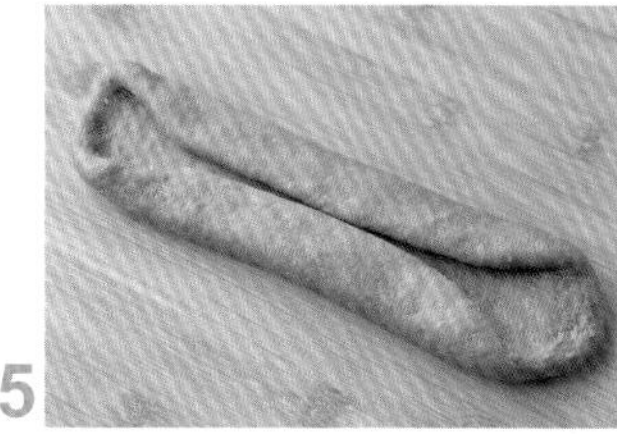

5 两边向中间对折。

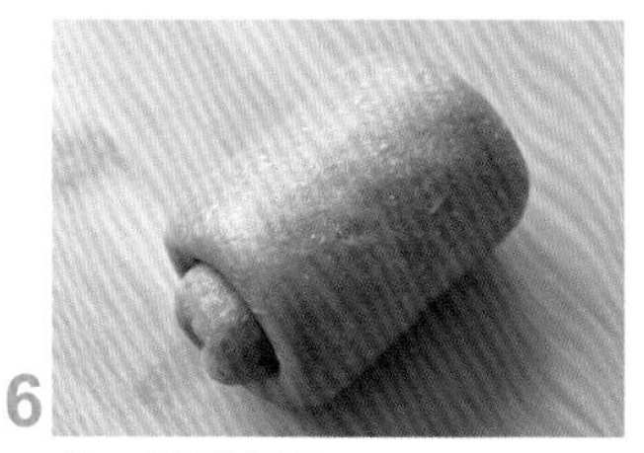

6 从一端卷起来。

7 卷好的面团放进吐司模具，放温暖处发酵至八九分满。

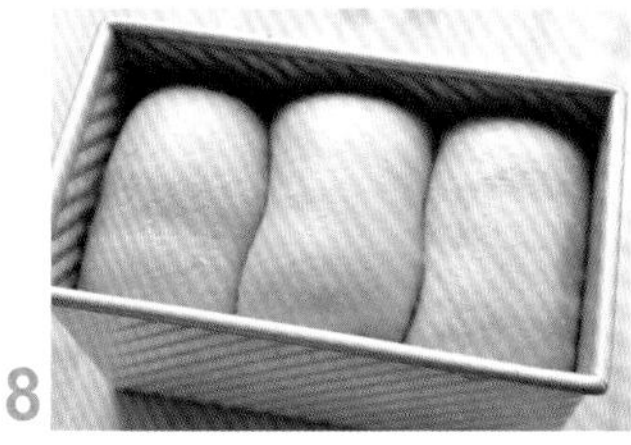

8 发酵好的面坯表面刷一层蛋液，撒上白芝麻，烤箱预热180℃烤35～40分钟。

65℃汤种全麦吐司

所需时间
前日5分钟
当日3小时30分钟
难易度
★★☆

65℃汤种全麦吐司

材料

高筋面粉	210克
全麦面粉	60克
细砂糖	26克
酵母	5克
盐	2克
清水	85克
65℃汤种	75克
植物油	28克

小贴士

1. 65℃汤种用170克清水加34克高粉拌匀，再用小锅煮至65℃呈面糊状即可，煮汤种时要小火边煮边搅拌。
2. 汤种放凉后冷藏24小时使用最佳。
3. 面团一定要揉至完全阶段。

面包制程数据表

制法	65℃汤种法
揉和时间	约40分钟
发酵	温度28～30℃ 发酵约60分钟
中间发酵	15分钟
最后发酵	温度约35℃ 发酵约50分钟
烘烤	温度约180℃ 烘烤35～40分钟

使用模具

吐司模具。

1 将所有材料放在一起揉至面团呈完全状态，能拉出可以用手撑开形成一张半透明不易破的薄膜，用手戳破，破洞边缘光滑。面团放温暖处发酵至约2.5倍大。

2 将发酵好的面团取出排气，平均分成3个小面团，盖保鲜膜松弛15分钟。

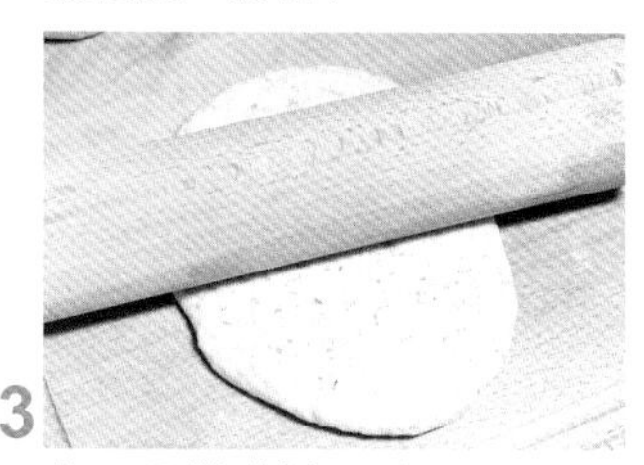

3 将面团擀成椭圆形。

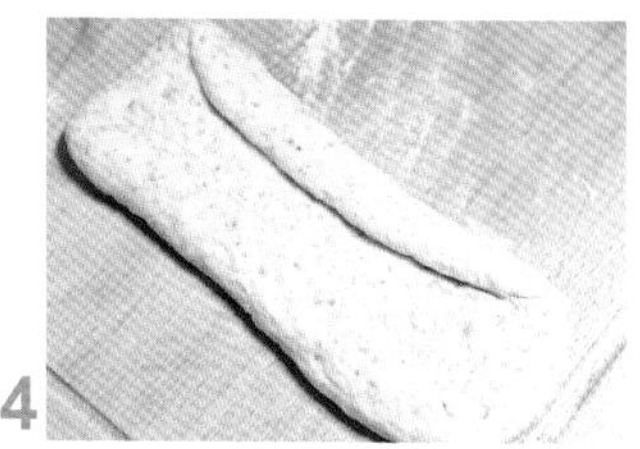

4 把两边向中间折叠一部分，以模具的宽度为准，擀至25厘米左右。

5 从一端起卷成卷。

6 放进模具发酵至约2倍大，发酵好的面团表面筛面粉，烤箱预热180℃烤35～40分钟。

黑麦蔓越莓软欧包

所需时间
3小时10分钟
难易度
★★☆

黑麦蔓越莓软欧包

面包材料

高筋面粉……………… 160克
全麦面粉……………… 40克
黑裸麦粉……………… 40克
水……………………… 155克
红糖…………………… 30克
无盐黄油……………… 30克
蔓越莓干……………… 45克
酵母…………………… 4克
盐……………………… 3克

小贴士

1. 面粉吸水率不同，方子中水量不是恒定的，建议不要一次性全加进去，预留10～15克慢慢依实际情况添加。
2. 面包烤上色后加盖锡纸直至烘烤结束。

面包制程数据表

制法	直接法
揉和时间	35～40分钟
发酵	温度28～30℃ 发酵50～60分钟
中间发酵	15分钟
最后发酵	温度约35℃ 发酵40分钟
烘烤	220℃烘烤约15分钟

1 将面包材料中除黄油和蔓越莓外的所在材料放在一起揉至光滑面团。

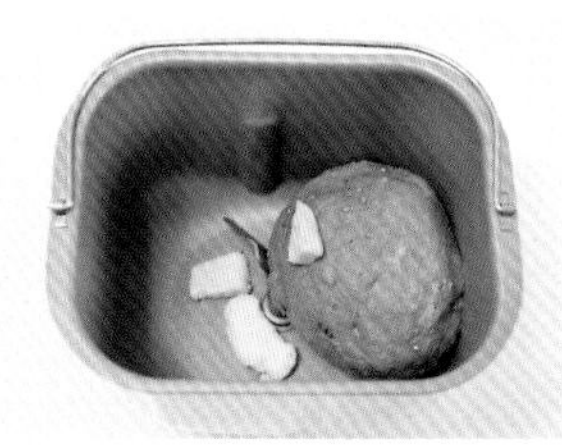

2 再加入黄油、蔓越莓干揉至拉出大片坚韧的薄膜。

3 面团放在温暖处发酵至约2.5倍大。

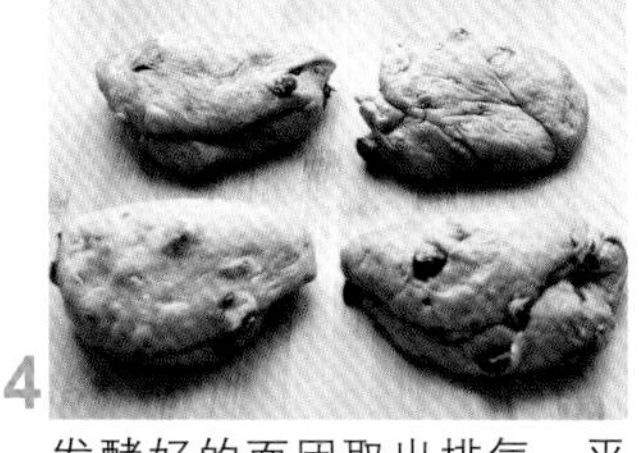

4 发酵好的面团取出排气，平均分割成2个或4个小面团，盖保鲜膜松弛15分钟。

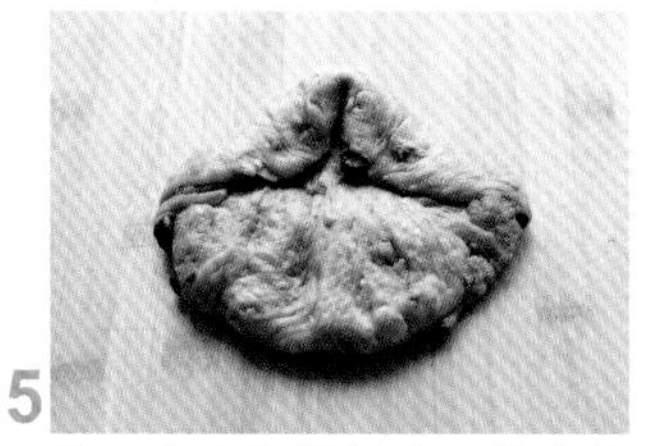

5 取一个小面团按扁，将上方的两角向内折。

6 将中间新形成的角再向里折。

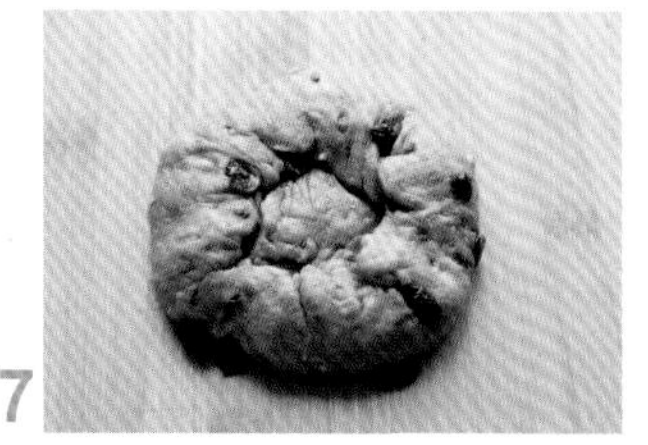

7 将面团上下旋转，再将上方的两角向内折，中间新形成的角再向里折，两边也向内折，收口捏紧。

8 封口朝下，略做调整呈圆形，放黄金烤盘上发酵至约2倍大。

9 发好的面团表面筛上面粉。

10 用利刀在面坯上面划几道。烤箱预热220℃烤约15分钟。烤前5分钟可以向烤箱里喷水增加蒸汽，表面上色均匀后应盖锡纸，以免烤煳。

蔓越莓奶酪三角包
所需时间
前日5～10分钟
当日3小时10分钟
难易度
★★★

蔓越莓奶酪三角包

☆ 中种面团材料

高筋面粉……………… 240克
蛋白…………………… 20克
淡奶油………………… 68克
牛奶…………………… 80克
酵母…………………… 2克

☆ 主面团材料

奶粉…………………… 15克
蛋白…………………… 20克
细砂糖………………… 45克
盐……………………… 2克
酵母…………………… 1克
无盐黄油……………… 12克
蔓越莓干……………… 35克

☆ 奶酪馅材料

奶油奶酪……………… 125克
蔓越莓干……………… 15克
细砂糖………………… 20克

☆ 小贴士

1.如果赶时间，也可以将中种冷藏20小时后取出回温，放温暖处继续发酵至2.5倍大。
2.不喜欢奶油奶酪，可以做成不包馅的，口感也不错。

☆ 面包制程数据表

制法	中种法
揉和时间	约40分钟
发酵	温度28～30℃ 发酵约60分钟
中间发酵	15分钟
最后发酵	温度约35℃ 发酵约50分钟
烘烤	温度约180℃ 烘烤15～18分钟

1 中种面团的所有材料放在一起，揉至面团稍呈光滑状态，放冰箱冷藏发酵24小时至约2.5倍大。

2 将发好的中种面团撕小块和主面团中除黄油、蔓越莓干外的所有材料放在一起，揉至光滑面团。

3 再加入室温软化的黄油和蔓越莓干，揉至面团能拉出大片坚韧的薄膜，放温暖处发酵至2.5倍大。

4 取出面团排气后，平均分成5个小面团，盖保鲜膜松弛15分钟。

5 将软化的奶油奶酪和蔓越莓干、细砂糖一起拌匀备用。

6 取一个小面团用手按扁呈圆形，包入适量奶酪馅。

7 捏紧封口，整成三角形。

8 封口向下放在黄金烤盘中，发酵至约2.5倍大。

9 表面筛面粉。

10 用刀划出刀口，烤箱预热180℃烤15～18分钟。

粗粮燕麦面包

所需时间
3小时

难易度
★☆☆

粗粮燕麦面包

材料

- 高筋面粉……………… 180克
- 低筋面粉……………… 20克
- 粗粮面粉……………… 60克
- 细砂糖………………… 15克
- 水……………………… 160克
- 盐……………………… 2克
- 酵母…………………… 3克
- 植物油………………… 15克
- 装饰燕麦……………… 适量

小贴士

1.小面团擀成圆形，从一端开始卷起，边卷边捏紧收口，最后捏紧封口翻向下。

2.烘烤过程中间要加盖锡纸。

面包制程数据表

制法	直接法
揉和时间	35～40分钟
发酵	温度28～30℃ 发酵50～60分钟
中间发酵	15分钟
最后发酵	温度约35℃ 发酵40分钟
烘烤	180℃烘烤15分钟

1 将所有材料放在一起揉至面团能拉出大片坚韧的薄膜，放温暖处发酵至约2.5倍大。

2 将发酵好的面团取出排气，再平均分割成8份，盖保鲜膜松弛15分钟。

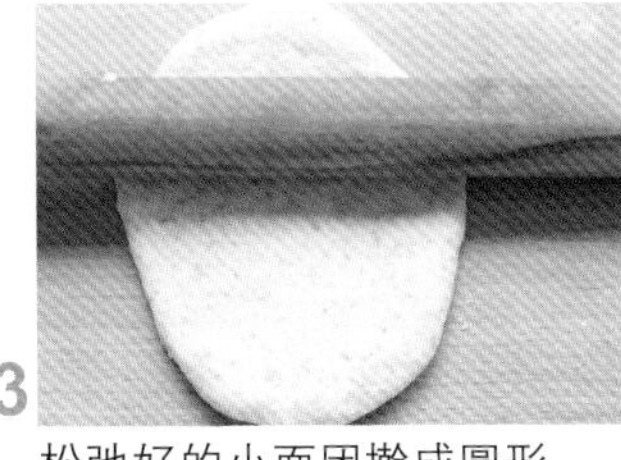

3 松弛好的小面团擀成圆形。

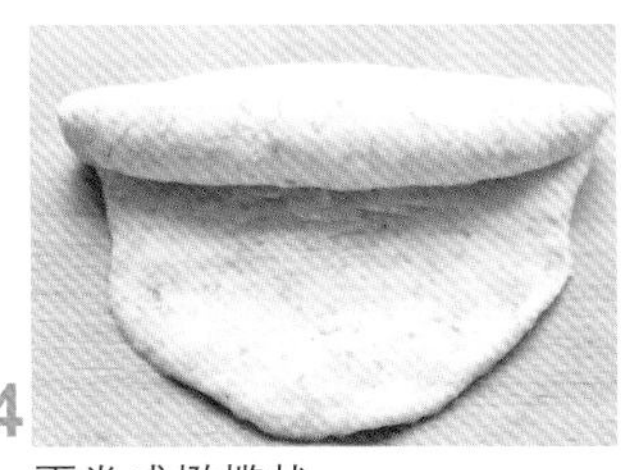

4 再卷成橄榄状。

5 收口捏紧朝下。

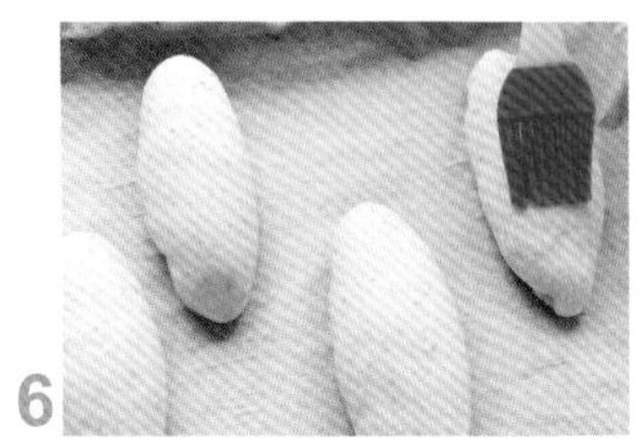

6 摆在铺油纸的烤盘中，放温暖处发酵至约2倍大。

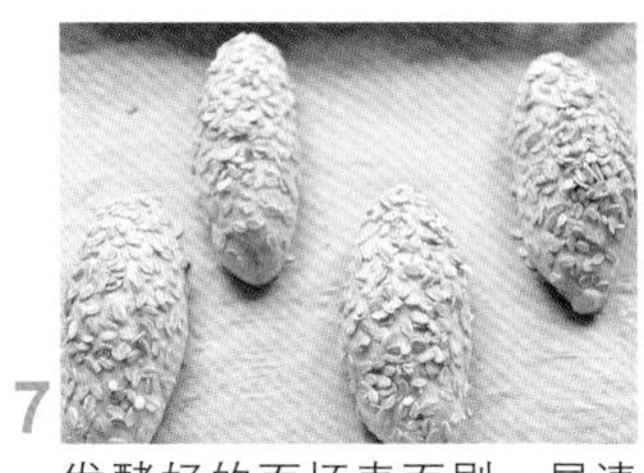

7 发酵好的面坯表面刷一层清水，沾上装饰用的燕麦，烤箱预热180℃中层烤15分钟。

法棍

所需时间
前日1小时5分钟
当日3小时40分钟
难易度
★★★

法棍

☆ 种面团材料

高筋面粉……………… 125克
酵母…………………… 0.5克
水……………………… 100克

☆ 主面团材料

高筋面粉……………… 220克
全麦面粉……………… 30克
老面…………………… 50克
水……………………… 170克
盐……………………… 8克

☆ 小贴士

1.种面团的所有原料混合均匀，醒发1小时左右，放入冰箱冷藏发酵10小时，即成老面。一次用不了剩下的老面可以放冰箱冷冻，再用时拿出来解冻回温就可以用了。

2.法棍切口是在面团的上方划开。

3.如果家用烤箱没有250℃可以上下火全部改用230℃。

4.如果没有蒸汽烤箱，可以在烤箱放石板，用喷水壶喷水。

☆ 面包制程数据表

制法	老面法
揉和时间	约20分钟
发酵	温度25℃ 发酵1～1.5小时
最后发酵	温度约23℃ 发酵1～1.5小时
烘烤	上火250℃ 下火230℃ 烘烤20分钟

1 将高筋面粉、全麦面粉、老面撕小块、盐、水放在一起揉至面团光滑出筋，盖上帆布或保鲜膜，保温醒发1～1.5小时。

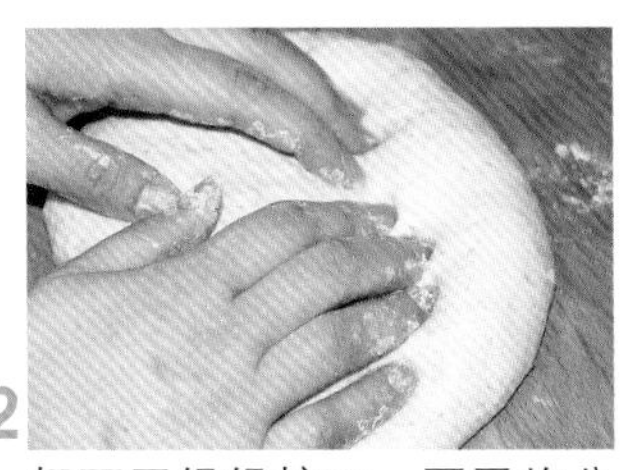

2 把面团轻轻按压，再平均分割成3个面团，不要把面团里的气体排出太多。

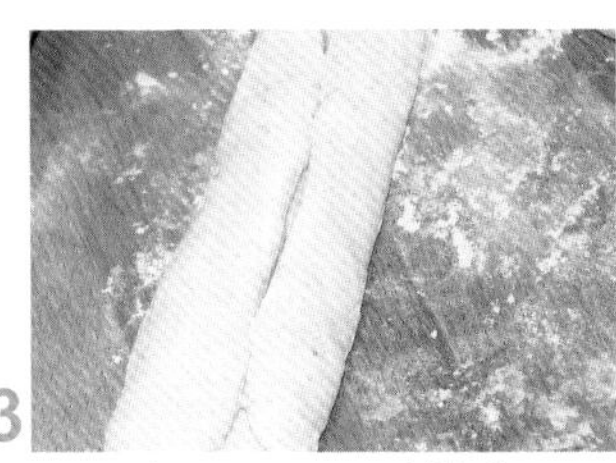

3 取一个面团，用手按扁，两边对折。

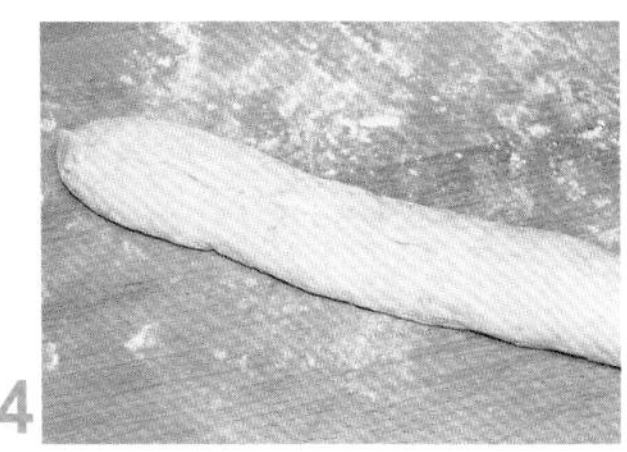

4 再对折捏紧收口，整成椭圆形面团。

5 放入法棍长形模具，盖保鲜膜醒发1～1.5小时，温度保持在23℃。

6 醒发后的法棍上划几刀，烤箱打开蒸汽5秒，上火250℃下火230℃烤约20分钟，出炉前5分钟打开风门排气。

红豆天然酵种小包

红豆天然酵种小包

☆ 材料

高筋面粉……………… 100克
全麦面粉……………… 25克
细砂糖………………… 10克
盐……………………… 3克
干酵母………………… 1克
天然酵种……………… 200克
温水…………………… 95克
蜜红豆………………… 60克

☆ 小贴士

1.制作天然酵母液材料：葡萄干100克、水200克、蜂蜜1克，第一天先将所有材料放在消过毒可以密封的容器中，盖保鲜膜。用牙签在保鲜膜上戳一个洞。第二天将保鲜膜取下，盖上容器盖，常温密封保存（避免阳光直射）。第三天，葡萄干泛出细细的白沫，将盖子打开排出气体。第四天，葡萄干已经浮起了，打开盖子把酒精的香味释放出来。用筛子将酵母液滤出。

2.制作天然酵种材料：高筋面粉125克、酵母液75克、蜂蜜1克，将所有材料倒入盆中揉成光滑面团，常温下密封放置10小时以上即可。

☆ 面包制程数据表

制法	天然酵种法
揉和时间	35～40分钟
发酵	温度28～30°C 发酵60～70分钟
中间发酵	15分钟
最后发酵	温度约35°C 发酵40分钟
烘烤	温度约230°C 烘烤15分钟

1 将天然酵种撕小块与除蜜红豆外的所有材料放在一起，揉成光滑有弹性的面团。

2 继续揉至面团拉出薄膜，加入蜜红豆一起揉匀，盖保鲜膜放温暖处发酵60～70分钟。

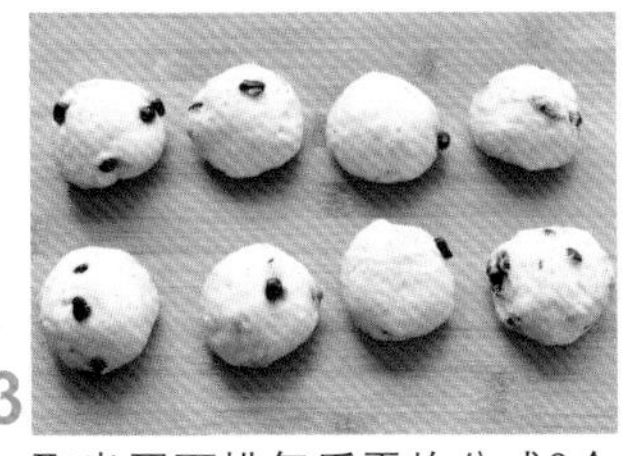

3 取出团面排气后平均分成8个小面团，盖保鲜膜松弛15分钟。

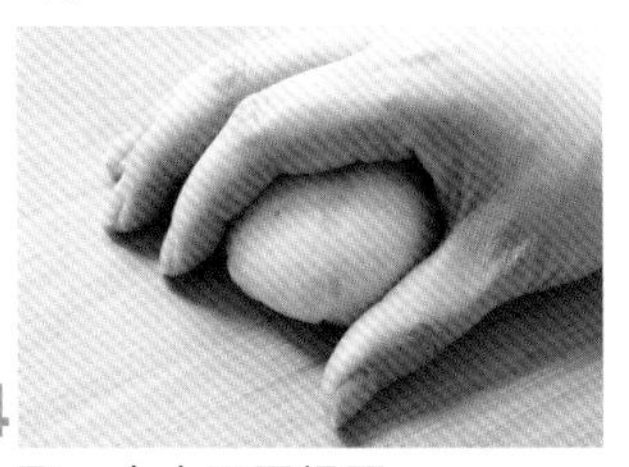

4 取一个小面团揉圆。

5 揉圆的小面团放黄金烤盘上，温暖处发酵至约2倍大。

6 表面筛面粉。

7 用刀割出十字刀口，烤箱预约230°C烤约15分钟。

红酒黑裸麦面包

所需时间
前日10分钟
当日3小时20分钟
难易度
★★★

红酒黑裸麦面包

中种材料

高筋面粉	100克
盐	2克
干酵母	1克
水	65克

主面团材料

高筋面粉	225克
黑裸麦面粉	25克
细砂糖	10克
盐	4克
无盐黄油	10克
干酵母	2克
红酒	180克
腰果	40克
蓝莓干	20克

小贴士

1. 红酒一定要提前煮沸，蒸去酒精才可以用。
2. 烤箱用蒸汽烤箱最佳。

面包制程数据表

制法	中种法
揉和时间	35～40分钟
发酵	温度28～30℃ 发酵50～60分钟
中间发酵	15分钟
最后发酵	温度约35℃ 发酵50分钟
烘烤	温度约230℃ 烘烤20分钟

1 将中种面团材料放一起揉成光滑面团，盖保鲜膜放温暖处发酵约60分钟，然后，压平排气，放进冰箱冷藏24小时。

2 将红酒倒锅中加热煮沸，蒸去酒精成分。

3 将中种面团撕成小块，与主面团除黄油外的所有材料一起揉至光滑面团。

4 再放入黄油揉至面团能拉出大片坚韧的薄膜，放温暖处发酵至约2.5倍大。

5 取出面团排气平均分成8个小面团，盖保鲜膜放温暖处松弛15分钟。

6 取一个小面团擀成圆形。

7 将面团的1/3折过来压平。

8 再将另外1/3对折过来。

9 收口捏紧向下，整形结束后的面团摆在黄金烤盘上，放温暖处发酵至约2倍大。

10 表面筛高筋面粉。

11 用刀划上花纹，烤箱预热230℃烤约20分钟。

普雷结碱水包
所需时间
2小时40分钟
难易度
★★★

普雷结碱水包

材料

高筋面粉……………… 200克
奶粉……………………… 12克
玉米淀粉……………… 8克
无盐黄油……………… 18克
酵母……………………… 4克
细盐……………………… 2克
冰水……………………… 116克
粗海盐………………… 少许

面包制程数据表

制法	直接法
揉和时间	约5分钟
发酵	温度25℃ 发酵约40分钟
中间发酵	5分钟
最后发酵	温度约25℃ 发酵30分钟
烘烤	210℃烤烘15～20分钟

1 将高筋面粉、奶粉、玉米淀粉混合均匀，依次加入软化的小块黄油、酵母混合均匀，倒入冰水搅拌成面团。

2 把盐撒在表面用手按压即可，盖上保鲜膜醒发约40分钟。

3 取出醒发好的面团揉成光滑有弹性的面团。

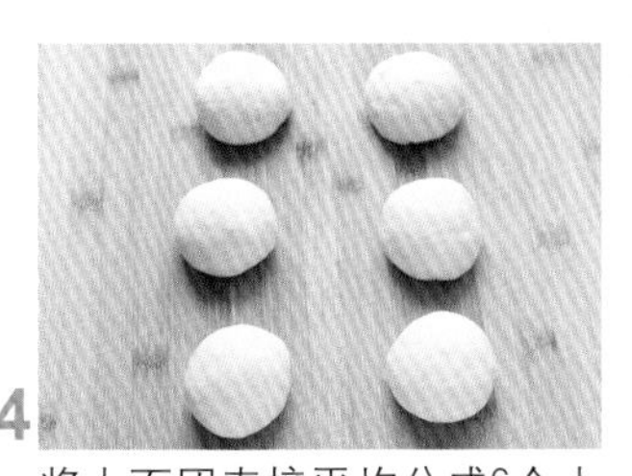

4 将大面团直接平均分成6个小面团，盖保鲜膜松弛5分钟。

5 取一个小面团排气，用手压扁呈面饼状。

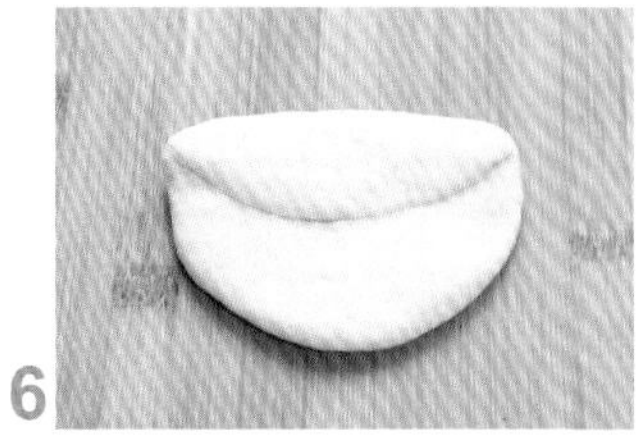

6 面饼的上面1/3折过来压实。

7 下面1/3对折压实，上下再对折，捏紧封口，搓成圆柱形。

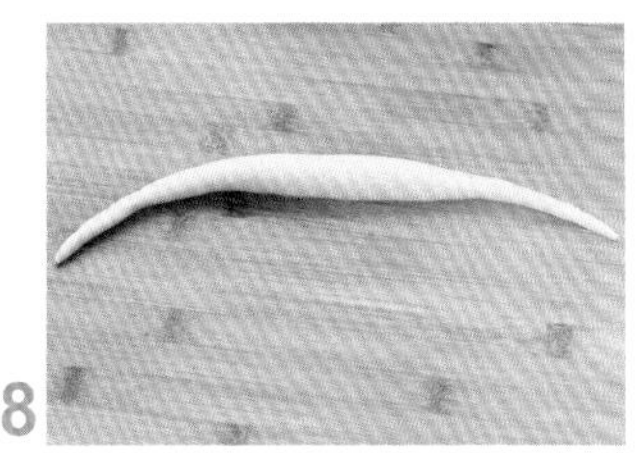

8 继续搓成中间鼓两边细的长条。

普雷结碱水包

★ 小贴士

1.碱水配比：20°C清水200克、烘焙碱8克混合均匀。一定要先放水再放碱。

2.烘焙碱有强腐蚀性的，操作要做好防护，要戴眼镜、袖套、围裙、手套，操作碱水时要尽可能地远离。

3.整形时，面团由圆柱形搓到两头和筷子一样粗细即可，两头要细长一些，不然发酵后膨胀还会变粗。

4.装饰海盐也可以只在面包开口的周围撒些，看个人喜好。

5.烤箱温度不能太低，否则，面包皮就会太厚。

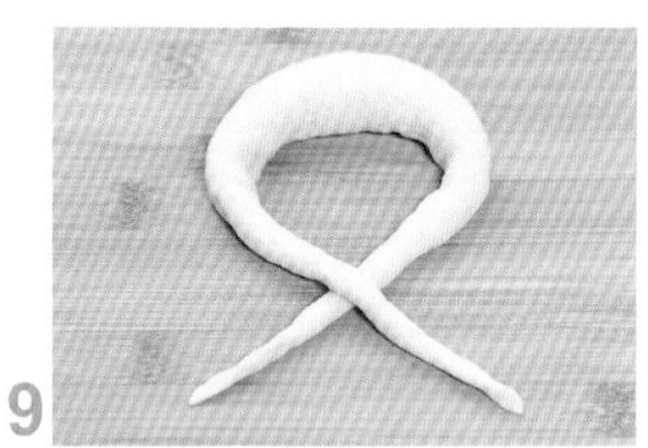

9 细的两端交叉。

10 两端再绕一圈，然后翻上去轻按捏紧。

11 放在黄金烤盘上，发酵30分钟后，放入冰箱冷冻15分钟定型。

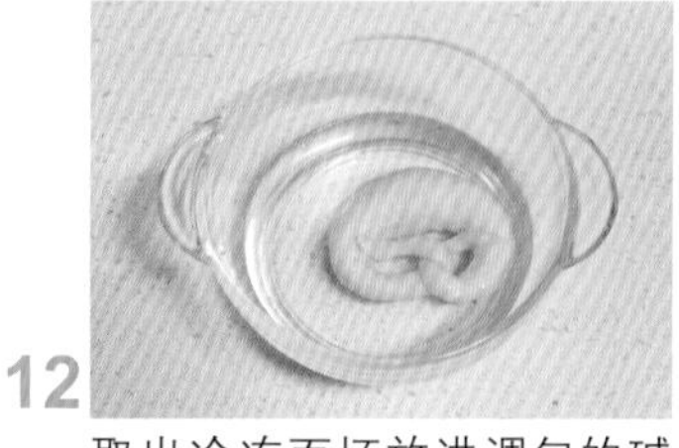

12 取出冷冻面坯放进调匀的碱水中，浸泡30～60秒取出，放回黄金烤盘。

13 用刀片在粗的部分中间划上一道刀口。

14 表面撒粗海盐，烤箱预热210°C烤15～20分钟，表面红亮即可。

Dessert Tarts and Pies
挞派甜品

一款甜品、一份挞派最打动你的也许是它精美的外形，也许是它香甜的美味，也许是它背后令你动容的爱情故事。而甜品中的这种直白的甜蜜味道，能带给我们更多的是纯真美好的回忆。

时光飞逝，当我们慢慢品出了黑森林蛋糕隐含的苦，尝出了酒心巧克力的辛辣、柠檬布丁的酸……而甜品，也慢慢充满了人生百味，不变的是，基调永远是慰藉人心的甜。

巧克力可可马卡龙

巧克力可可马卡龙

马卡龙材料

杏仁粉	65克
糖粉	65克
可可粉	7克
蛋白	25克

蛋白霜材料

蛋白	50克
细砂糖	120克
清水	30克

夹心馅材料

巧克力	58克
鲜奶油	58克
麦芽糖	10克
黄油	15克
可可豆	20克

必备器具

料理碗、电动打蛋器、锅、碗、刮板、刮刀、裱花袋、裱花嘴、马卡龙硅胶垫。

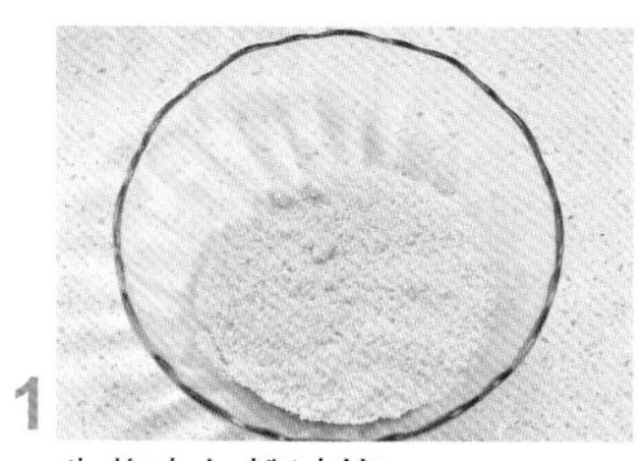

1 先将杏仁粉过筛。

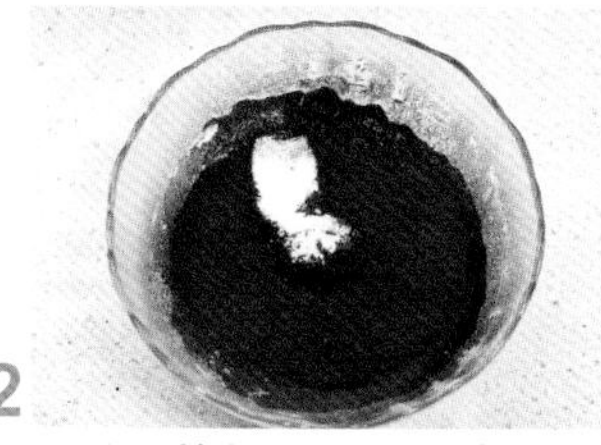

2 再筛入糖粉、可可粉拌匀。

3 加入蛋白25克，用刮板按压搅拌无颗粒状备用。

4 开始制作蛋白霜，将120克细砂糖和30克清水混合均匀，中火加热煮至100℃时，蛋白开始高速打搅至发泡。

5 糖浆煮至115～118℃时离火，煮好的糖浆沿着料理盆边缘慢慢倒入蛋白中，边倒边搅打。同时，料理盆移至提前备好的热水上，用蒸格支撑，继续高速打发蛋白霜。

6 蛋白霜打至略呈折弯钩的偏硬状态即可。

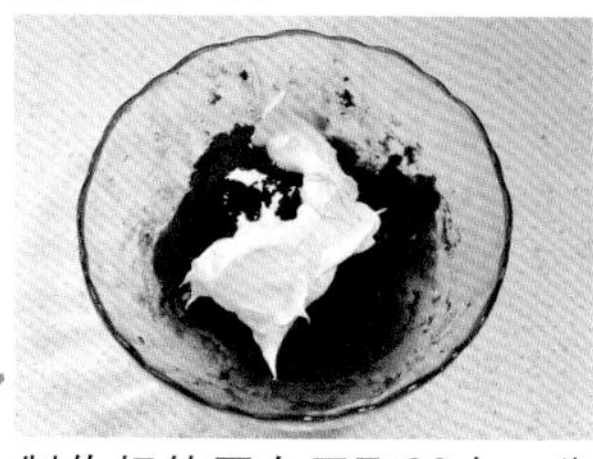

7 制作好的蛋白霜取90克，分次加入杏仁糊中。

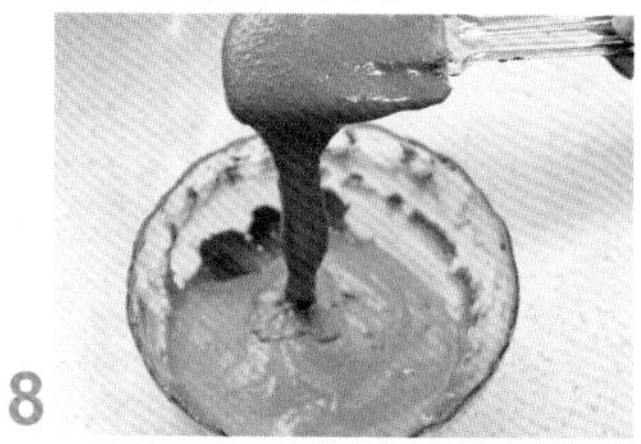

8 用刮刀从底部向上翻起，直至搅拌面糊出现光泽，像图片中呈三角形模样滴下来，是比较黏稠的，而且该状态会持续1～2秒。

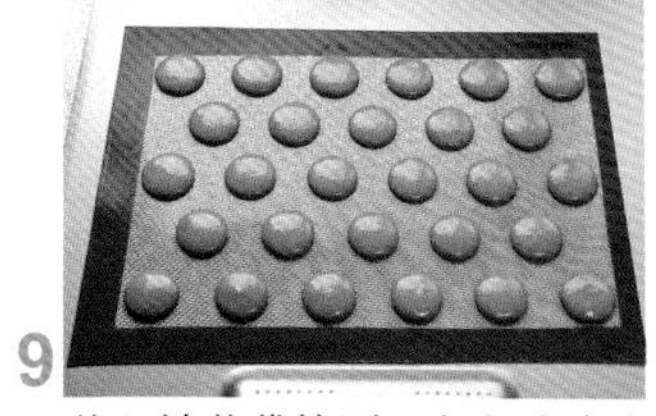

9 装入裱花袋挤到马卡龙硅胶垫上，静置至表面结皮不粘手，感觉似触摸棉花糖的触感。烤箱预热170℃，放入马卡龙烘烤约4分钟至出现裙边，温度改为140℃烤8分钟，取出放凉。

10 开始制作夹馅，先将巧克力加水溶化。

巧克力可可马卡龙

☆ 小贴士

1.杏仁粉最好过筛两次。

2.没有麦芽糖也可以用糖稀。

3.蛋白霜打至略呈折弯钩的偏硬状态，就是提起打蛋器的小尖角差不多是直的。

4.挤好的马卡龙，根据温度和湿度，静置30～40分钟。

5.烤好的马卡龙要充分放凉之后，再轻轻拿下来。

所需时间

4小时30分钟

难易度

★★★

11 将淡奶油和麦芽糖混合均匀，中火加热煮开迅速离火，分3次倒入融化的巧克力中，边倒边搅拌。

12 再加入室温软化的黄油并搅拌拌匀。

13 混合好的夹馅是有光泽的，而且更加柔软，倒在玻璃碗中盖保鲜膜，放冰箱冷藏3小时左右。

14 冷藏至夹馅呈黏稠不流动状态。

15 切碎的可可粒，放进预热170℃的烤箱烤3～5分钟取出。

16 做好的夹馅装进裱花袋中挤到一块马卡龙中央。

17 往夹馅上撒上少许可可碎粒。

18 用另一块马卡龙盖上。

苏苏的烘焙心得——马卡龙篇

Q：马卡龙烘烤时出现裂纹是怎么回事？

A： 马卡龙在烘烤过程中出现裂纹，是因为干燥程度不够。表皮应该干燥到用手指轻轻碰马卡龙时，表皮不黏是干的，而且像是上了一层膜似的感觉，里面却是似有软软的棉花糖的感觉。

Q：马卡龙烤出来太扁是什么原因？

A： 搅拌面糊的时间过长，烤出来的马卡龙就会很扁。如果搅拌时间太长，泡沫会逐渐消失，面糊变稀。

Q：马卡龙为什么烤不出裙边呢？

A： 根据温度和湿度的不同，干燥时间在30～40分钟，如果干燥时间过长，那烘烤过程中就不会出现裙边了。

Q：马卡龙表面上有小尾巴是什么原因？

A： 这个原因是没有混合好马卡龙的面糊，搅拌面糊时非常重要的一点是不能使蛋白霜的体积变小。最后搅拌好的面糊，要达到一直连续以S形滴落，而且掉下去的面糊要保持1～2秒，有黏稠的感觉才最完美。

Q：马卡龙空心是怎么回事？

A： 要想做出成功的马卡龙，打好蛋白霜和制作出正确的面糊也是关键。前两次蛋白霜加入面糊以后消泡不够、烘焙温度不够高或者烤制时间不够，这些都是导致马卡龙空心的原因。

蓝莓乳酪挞

蓝莓乳酪挞

挞皮材料

低筋面粉……………… 100克
无盐黄油……………… 40克
全蛋液……………… 40克
糖粉……………… 20克

挞馅材料

奶油奶酪……………… 85克
原味酸奶……………… 20克
细砂糖……………… 25克
蛋液……………… 50克
玉米淀粉……………… 5克
蓝莓……………… 100克

必备器具

玻璃容器、搅拌盆、刮刀、面粉筛、电动打蛋器、手动打蛋器、烘焙石子、油纸、6寸派盘模具。

小贴士

1.挞皮擀去多余部分后，可以用手指挤压派盘边缘，使派皮高出派盘一点儿。
2.如果没有烘焙石子，可以用豆子代替，防止挞皮鼓起。

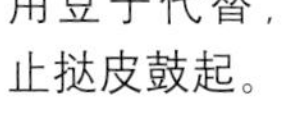

所需时间
1小时15分钟
难易度
★☆☆

1 室温软化的黄油切小块，筛入低筋面粉和糖粉，用手搓成粗沙粒状。

2 加入蛋液揉成面团。

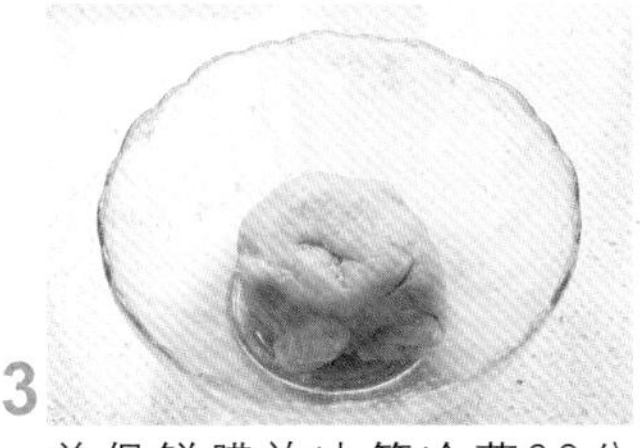

3 盖保鲜膜放冰箱冷藏30分钟。

4 开始制作挞馅，把室温软化的奶油奶酪隔水加热，倒入细砂糖、酸奶打发顺滑。

5 离火加入蛋液拌匀。

6 加入玉米淀粉制成挞馅备用。

7 取出面团擀成比模具略大一点儿的面饼，盖在模具上，用手指按压让饼皮贴紧模具，擀去多余部分，底部用叉子叉上小孔。

8 铺油纸放上烘焙石子，烤箱预热200℃，烤10分钟取出烘焙石子，放凉备用。

9 挞内铺上蓝莓粒。

10 倒入挞馅，烤箱预热170℃，烤15～20分钟取出放凉脱模，表面筛糖粉摆一半蓝莓装饰。

苹果玫瑰花

苹果玫瑰花

材料

红苹果…………………… 1个
低筋面粉……………… 50克
植物油………………… 15克
热水…………………… 10克
细砂糖………………… 20克
蜂蜜…………………… 5克

必备器具

料理盆、刮刀、锅、刀、麦芬模具。

小贴士

1.面片切的宽度不要太宽，卷的时候不要太紧。以免影响最终效果。
2.苹果片要切得薄一点儿，0.2～0.3厘米的厚度，烧烤过程中，苹果片的水分减少后，苹果片会自然弯曲，形状更像玫瑰花瓣。

1 苹果去核切薄片。

2 锅里放清水，加入细砂糖和蜂蜜煮成糖水。

3 将苹果片倒进锅里，中小火煮软。

4 煮好的苹果片捞出。

5 用厨房纸吸干水。

6 将低筋面粉过筛加入植物油，再加入煮苹果的糖水和成面团，盖保鲜膜松弛30分钟。

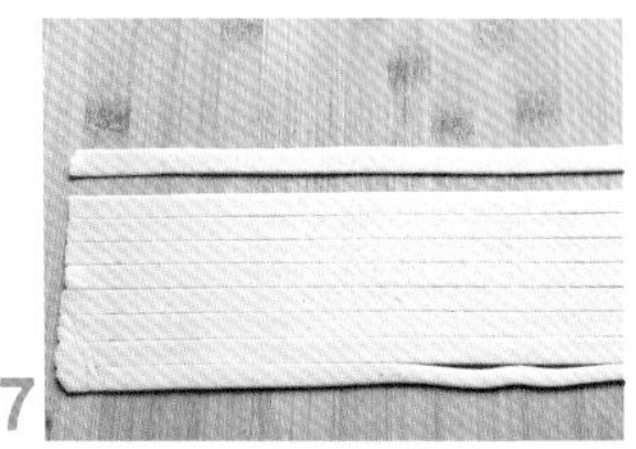

7 擀成0.5厘米厚的薄饼，再切成2厘米宽的长条。

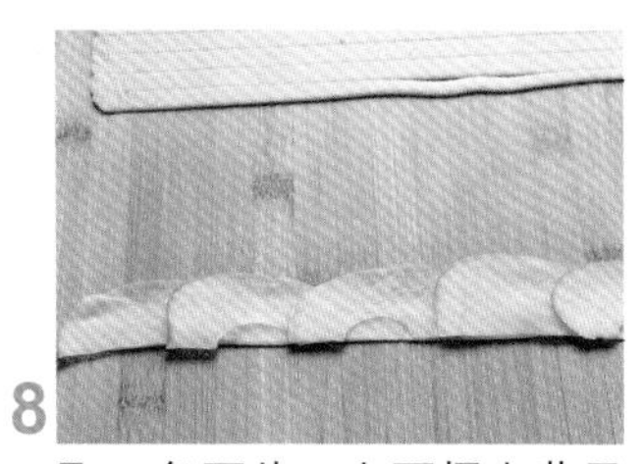

8 取一条面片，上面摆上苹果片，一条8～9片。

9 从一端卷起来，收口处捏紧。

10 放入麦芬模具中，烤箱预热170℃烤20分钟即可。

所需时间
1小时10分钟
难易度
★☆☆

榴莲酥

榴莲酥

材料

低筋面粉	100克
无盐黄油	70克
细砂糖	10克
清水	30克
盐	1克
榴莲	适量
蛋黄液	少许

必备器具

料理盆、保鲜袋、破壁机、刷子、木砧板、擀面杖、面粉筛、饺子模具、黄金烤盘。

小贴士

1.一定要先制冰水，黄油也不要软化。

2.第一次对折后冰箱冷藏松弛20分钟，取出再进行3次对折，这样更易酥脆多层。

所需时间

1小时35分钟

难易度

★★☆

1 细砂糖和盐加水混合至完全溶化，放入冰箱冷藏20分钟成为冰水。

2 黄油取出，无须软化，直接切小块。

3 黄油中筛入低筋面粉拌匀，每块黄油都裹上面粉即可。

4 加入冰水，拌至无干粉的面团。

5 装入保鲜袋，放冰箱冷藏松弛20分钟。

6 面团取出擀开呈长条状。

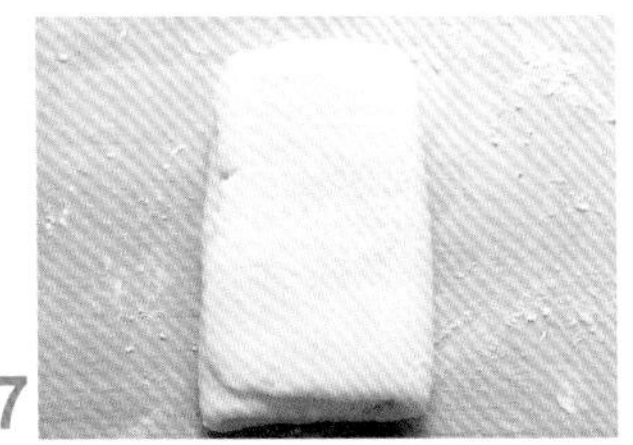

7 两边向中间折起。再对折，完成一个4折后，装保鲜袋放入冰箱冷藏松弛20分钟。取出，重复以上4折步骤，共完成3个对折。

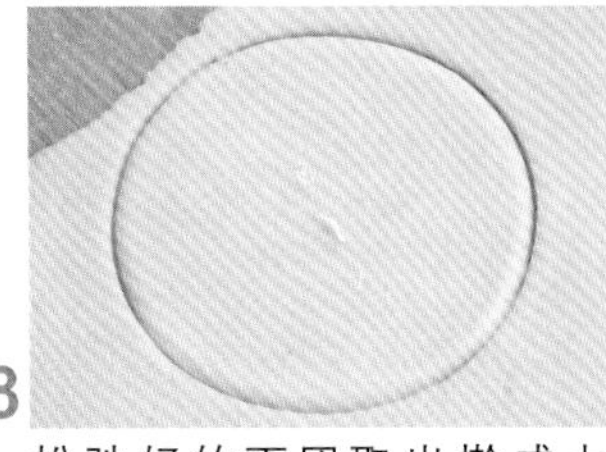

8 松弛好的面团取出擀成大片，用饺子模具底部切割成圆形面皮。用破壁机把榴莲打成细腻泥状。

9 取一小片面皮放在饺子模具上，中间放一块榴莲泥，四周刷上蛋液，对折后压紧。

10 用叉子在表面或底部叉出小孔，防止烤的时候鼓起。放入烤盘，表面刷蛋黄液。烤箱预热190℃烤15分钟。

苹果金宝

苹果金宝

☆ 金宝颗粒材料

无盐黄油	20克
低筋面粉	20克
细砂糖	20克
杏仁粉	20克
肉桂粉	少许

☆ 苹果金宝

苹果	330克
黑糖	25克
肉桂粉	1/2小勺
金宝酥粒	适量
香草精	2滴
柠檬	1个
蔓越莓干	20克
无盐黄油	8克

☆ 必备器具

料理盆、刮刀、锅、烤碗。

☆ 小贴士

1. 如果没有黑糖或者黄糖，可以用白砂糖代替。
2. 黄油不需要软化，直接用冷冻的。

所需时间

30分钟

难易度

★☆☆

1 先做金宝颗粒，将细砂糖加入低筋面粉拌匀。

2 加入杏仁粉继续拌匀。

3 放一点儿肉桂粉拌匀。

4 加入切小块的黄油。

5 用手指捏成酥粒放冰箱冷藏备用。

6 取一小锅，放入黄油加热溶化，再倒入黑糖继续加热。

7 加入肉桂粉，边加热边搅动，滴入香草精。

8 倒入切好的苹果丁，加入柠檬皮屑。挤入适量柠檬汁，倒入蔓越莓干小火煮3～5分钟。

9 将煮好的苹果混合物放在烤碗里。

10 上面铺上一层厚厚的金宝颗粒。烤箱预热200℃烤15分钟左右至表面金黄即可。

无花果挞

无花果挞

☆ 挞皮材料

无盐黄油	70克
低筋面粉	105克
蛋黄	4克
细砂糖	2克
盐	1克

☆ 挞馅材料

无盐黄油	50克
糖粉	35克
鸡蛋	45克
杏仁粉	50克

☆ 必备器具

料理碗、手动打蛋器、刮刀、长方形挞模具。

☆ 小贴士

1. 制作挞皮时，边缘去掉的挞皮不要扔掉，重新揉圆擀开可以再次制作挞皮。
2. 挞皮上用叉子叉出小孔是为了让面皮排气，以免在烘烤过程中面皮鼓起或变形。
3. 没有烘焙石子可以用豆子。
4. 这款挞皮特别酥松，脱膜力度要小一些。

所需时间
1小时30分钟
难易度
★★☆

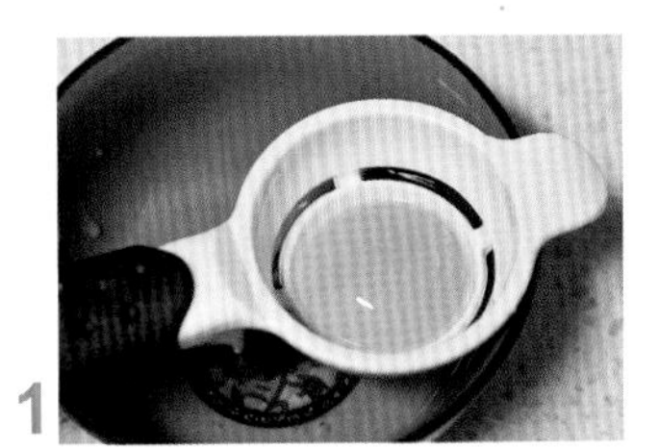

1 先制作挞皮，将鸡蛋分离出蛋黄。

2 加糖和盐一起拌匀备用。

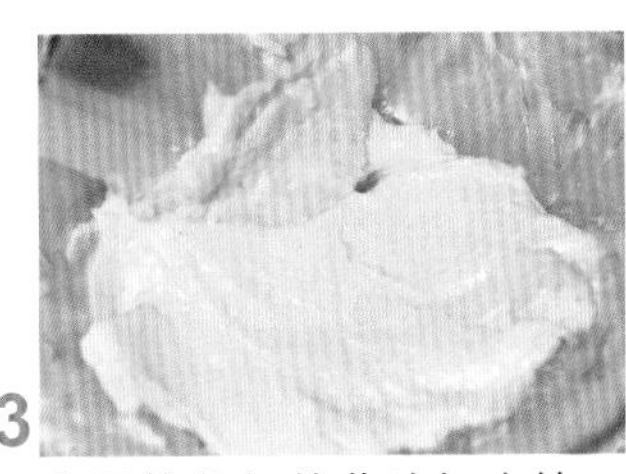

3 室温软化好的黄油切小块，用橡皮刀拌匀至顺滑状。

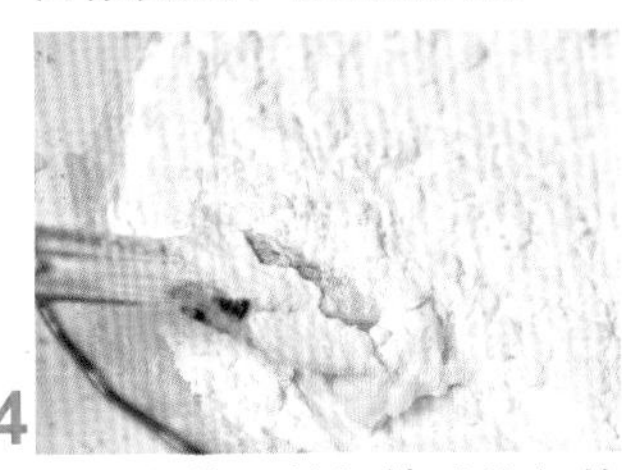

4 加入低筋面粉切拌成均匀的面糊。

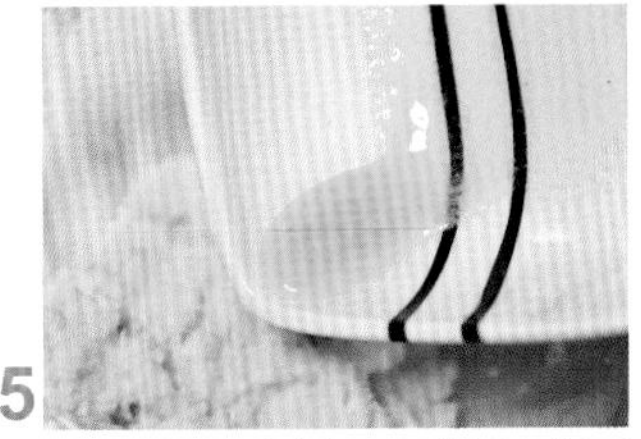

5 将混合蛋液倒入面糊和成面团，放进冰箱冷藏1小时。

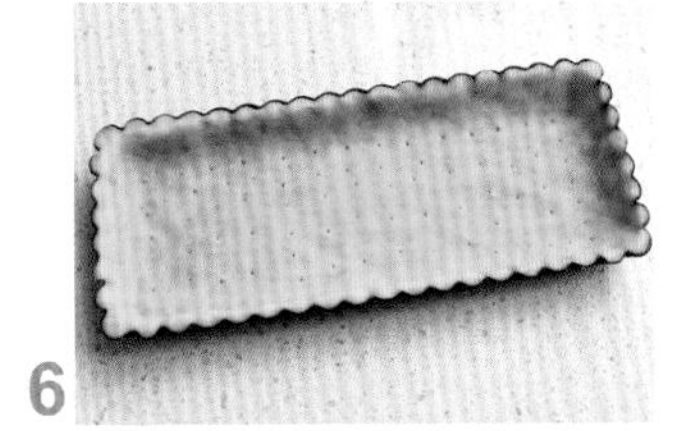

6 取出面团擀成薄饼铺在模具里，用手按压好四角，擀去边上多余的挞皮，用牙签插上小孔，铺上油纸装满烘焙石子。烤箱预热200℃，烤10分钟取出放凉。

7 开始制作挞馅，黄油室温软化切小块与糖粉打发。

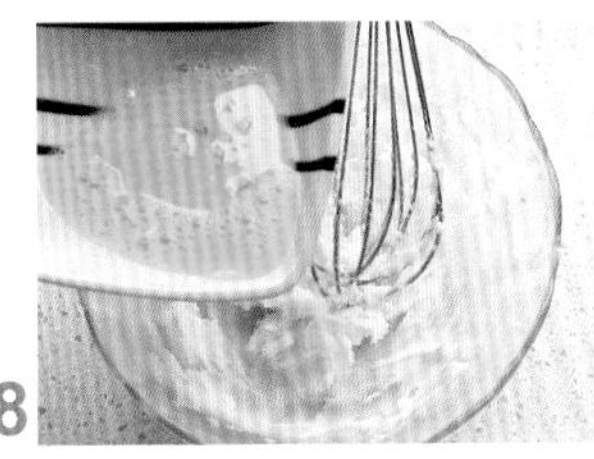

8 将鸡蛋分4次加入打发的黄油中，每一次都要充分打匀。

9 将杏仁粉加入黄油中拌成面糊，装入裱花袋，挤入烤好并放凉的挞皮。

10 烤箱预热180℃，烤10分钟左右即可。稍放凉后，摆上切片的无花果，筛一层糖粉装饰。

法式樱桃酪

法式樱桃酪

☆ 材料

大樱桃…………………… 120克
全蛋…………………… 1只
蛋黄…………………… 1只
低筋面粉……………… 40克
牛奶…………………… 150克
淡奶油………………… 100克
细砂糖………………… 60克

☆ 必备器具

手动打蛋器、面粉筛、锅、烤碗。

☆ 小贴士

1.大樱桃用细砂糖腌制后能除去酸味，糖量可根据喜好增减。
2.烤好的法式樱桃酪趁热吃就很美味，放在冰箱冷藏食用也不错。
3.蛋液要缓缓加入，边加边搅拌，否则易变蛋花。

所需时间
55分钟
难易度
★☆☆

1 大樱桃洗净，切半去核。

2 加细砂糖腌制10分钟。

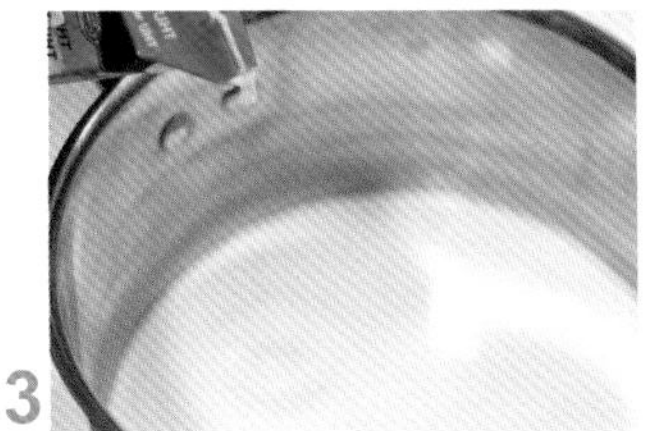

3 牛奶倒入锅中，加入淡奶油。

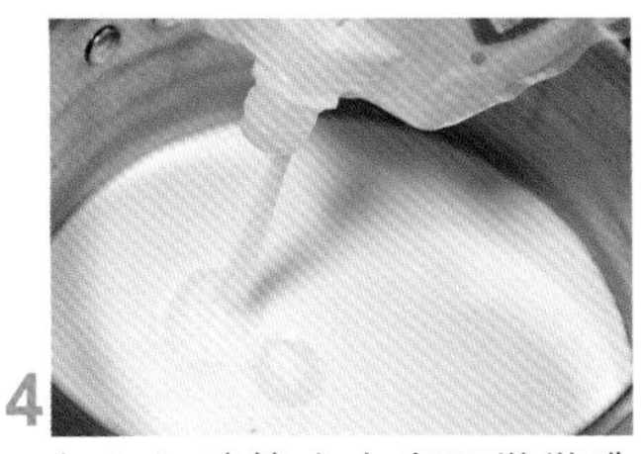

4 加入细砂糖小火煮至微微沸腾状态离火。

5 取出奶液稍放凉，缓缓倒入打散的鸡蛋，边加边搅拌。

6 筛入低筋面粉拌匀。

7 将腌好的樱桃铺在烤碗底部。

8 将奶蛋糊过筛倒入碗内。

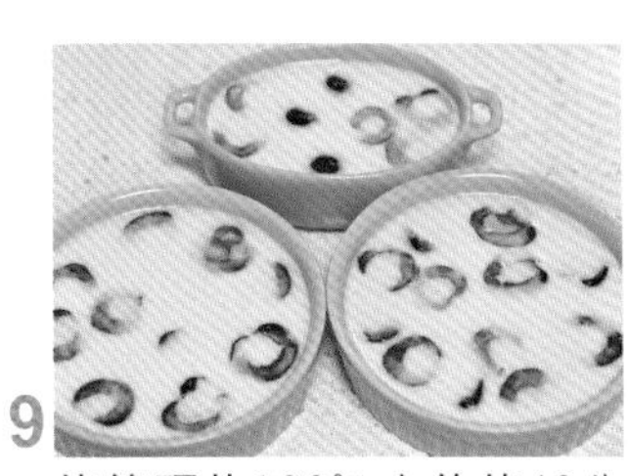

9 烤箱预热190℃大约烤40分钟，烤至表面金黄就好。

苹果面包挞

苹果面包挞

☆ 材料

苹果…………………… 1个
吐司…………………… 2片
牛奶…………………… 40克
淡奶油………………… 60克
鸡蛋…………………… 1个
细砂糖………………… 20克
淀粉…………………… 10克
香草荚………………… 1/4颗
肉桂粉………………… 适量
黄油…………………… 适量
柠檬汁………………… 少量

☆ 必备器具

料理碗、锅、手动打蛋器、刷子、刀、筛子、6寸挞模具。

☆ 小贴士

1. 将吐司去边切块填满挞盘时，不要留有空隙。
2. 煮好的奶液在锅子里晃动几下，略降温，然后慢慢倒入蛋液中，边倒边不停搅动，否则易变蛋花。
3. 涂抹蛋奶液时蛋奶液会往下渗，可多涂几次。

所需时间
30分钟

难易度
★☆☆

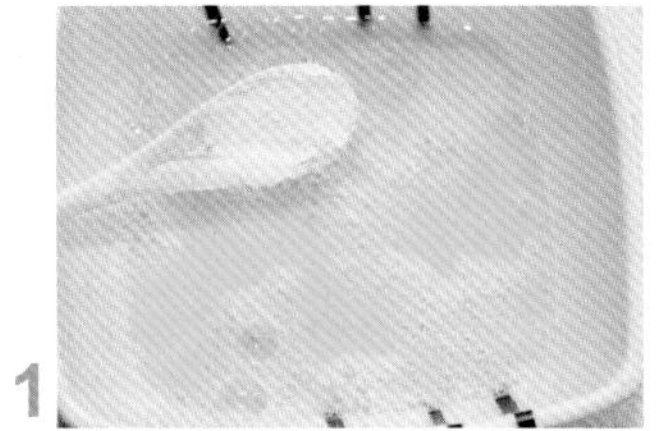

1 鸡蛋打散，加入淀粉搅匀。

2 锅中倒入牛奶和淡奶油。

3 加入细砂糖，放入香草荚加热至沸腾离火，取出香草荚弃之。

4 分次将煮好的奶液倒入蛋液中，边倒边不停地搅动，混合成蛋奶液。

5 挞盘涂抹黄油。

6 将吐司去边切块填满挞盘。

7 将蛋奶液过筛均匀地涂抹在吐司上。

8 清水里滴几滴柠檬汁，把切片的苹果放在水里，防止切片的苹果氧化。

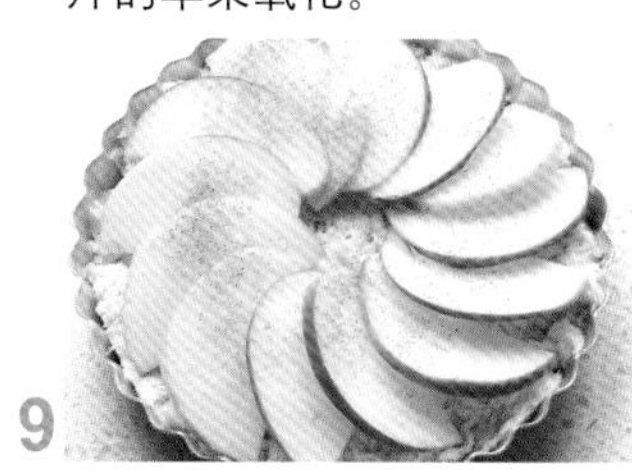

9 苹果码放在挞盘上。

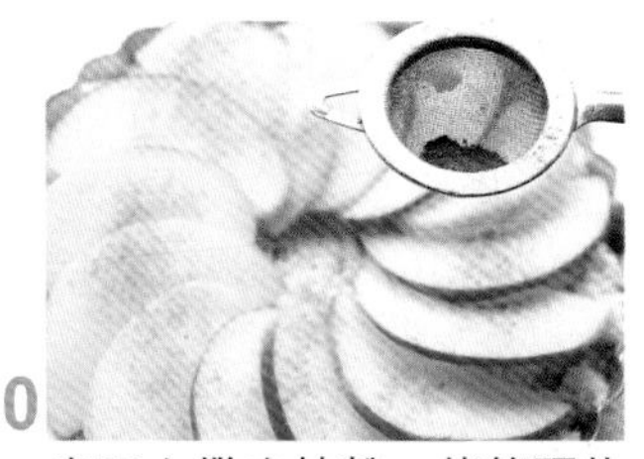

10 表面上撒肉桂粉。烤箱预热180℃烤约20分钟。

草莓拿破仑

草莓拿破仑

材料

原味印度飞饼…………1张
草莓……………………适量
淡奶油…………………100克
细砂糖…………………8克
糖粉……………………少许

必备器具

木砧板、刀、电动打蛋器、裱花袋、裱花嘴、黄金烤盘。

小贴士

1. 原味飞饼超市可以买到。
2. 如果不想用飞饼也可以按第103页的开酥方法，自己制作酥皮。

所需时间
25分钟

难易度
★☆☆

1 原味印度飞饼切去边缘，切成3块均等的长方形。

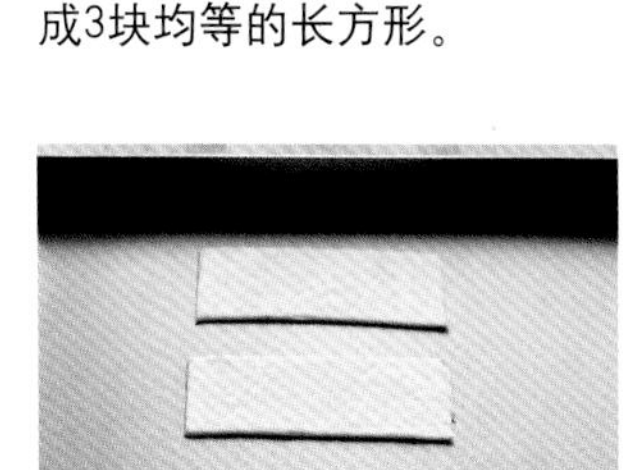

2 切好的飞饼放在黄金烤盘中。

3 烤箱预热200℃烤12～15分钟至表面金黄的酥皮，取出放凉。

4 取一块酥皮做底，挤上打发好的淡奶油。

5 摆上切好的草莓粒。

6 再挤上一层淡奶油，盖上一片酥皮。

7 再挤一层淡奶油，摆上草莓粒。

8 再挤一层淡奶油，盖上一片酥皮，表面筛糖粉。

果丹皮

果丹皮

材料

山楂……………………500克
白砂糖………………… 250克
玉米油…………………… 20克
水……………………… 200克
柠檬汁…………………… 少许

必备器具

玻璃容器、刀、筷子、刮板、破壁机。

小贴士

1. 细砂糖的量可以根据山楂的酸度来增减，打成细泥状后可以尝尝甜度。
2. 如果没有破壁机，可以用锅煮一煮再用料理机打一遍。
3. 涂抹在烤盘时，最好用刮板涂得厚薄均匀。
4. 烤盘最好用黄金不粘烤盘。如果是普通烤盘，就要铺上油纸。
5. 喜欢Q弹一点儿的可以烤的时间稍长，晾的时间也稍长一点儿。

1 山楂洗净沥干水。

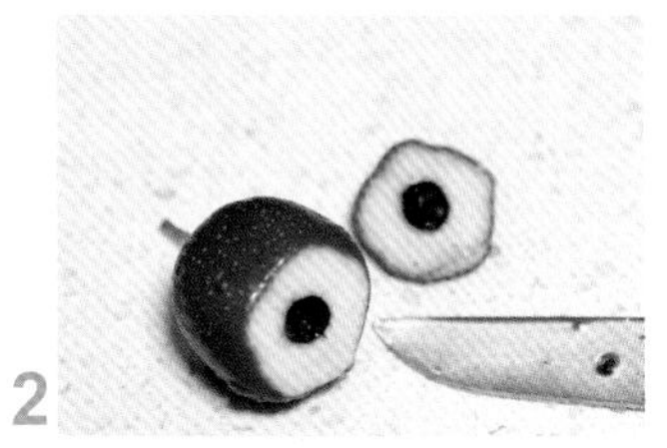

2 山楂底部切除。

3 用筷子一端从山楂中间穿过。

4 剔除山楂核。

5 将处理好的山楂、细砂糖、玉米油、柠檬汁、水一起放入破壁机。

6 将其打成细泥状。

7 把山楂泥用刮板均匀地涂在黄金烤盘上，烤箱预热100℃烤50分钟左右取出，凉干半天。

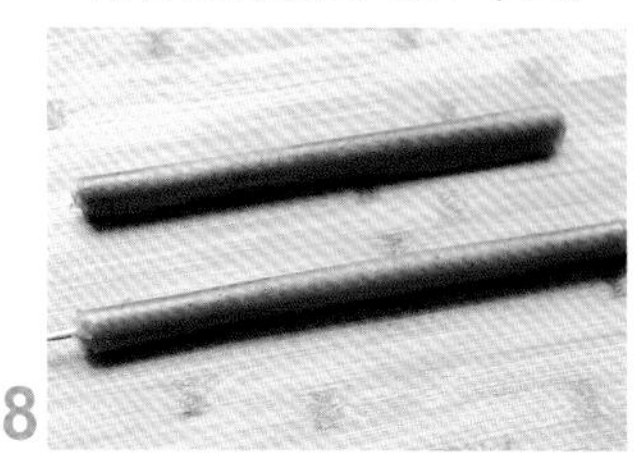

8 凉干的果丹皮整张从烤盘中揭下来，慢慢卷成卷，再切成自己喜欢的大小。

所需时间
1小时10分钟

难易度
★☆☆

榴莲比萨

榴莲比萨

材料

材料	用量
高筋面粉	60克
低筋面粉	10克
橄榄油	5克
细砂糖	10克
盐	2克
温水	35～40克
酵母	2克
奶油奶酪	25克
芝士	130克
榴莲	140克
蛋液	少许

必备器具

面包机、保鲜膜、木砧板、擀面杖、料理机、比萨模具。

小贴士

1.这个方子做出来的面团喜欢薄的可以做2个9寸的，喜欢厚一点儿的可以做2个6寸的。

2.芝士和榴莲的量可以根据喜好来增减。

3.趁热吃口感更佳。

所需时间

1小时30分钟

难易度

★★☆

1 将除奶油奶酪、芝士、榴莲、蛋液以外的全部材料放在一起揉至拉出大片坚韧的薄膜，面团放在温暖处发酵至2.5倍大。

2 取出面团排气分成2个小面团，盖保鲜膜松弛15分钟。

3 擀成圆饼状放在涂了油的比萨模具里，用手将饼皮推好整形。盖保鲜膜，温暖处发酵20分钟。

4 表面刷一层蛋液，用叉子叉出小孔。

5 烤箱预热200℃烤5分钟定型。取出饼后，表面涂上软化的奶油奶酪。

6 铺上用料理机打好的榴莲果肉泥。

7 表面撒满芝士，烤箱预热200℃烤15分钟至饼变色、芝士融化。

天使布丁

天使布丁

☆ 布丁材料

牛奶…………………… 250克
蛋清…………………… 100克
淡奶油………………… 200克
细砂糖………………… 55克
焦糖液………………… 80克

☆ 焦糖液材料

细砂糖………………… 60克
冷水…………………… 25克

☆ 必备器具

料理碗、手动打蛋器、锅、布丁瓶。

☆ 小贴士

1.熬制焦糖液的时候不要让糖黏到锅边，因为如果糖受热不均匀，边上的糖就会先烧焦而产生苦味，影响口感。
2.熬制焦糖液最后出现黄褐色的时候就可以关火了，余温会继续加深颜色。
3.布丁烤好冷却后表面可以装饰水果。

1 细砂糖和冷水放入锅里，用中小火煮至糖液呈琥珀色关火。将煮好的焦糖液趁热倒入准备好的布丁瓶里。

2 另起锅，倒入牛奶和细砂糖，小火加热至糖溶化。

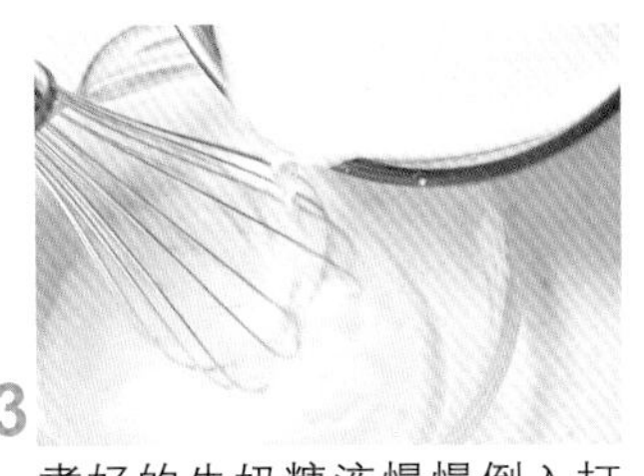

3 煮好的牛奶糖液慢慢倒入打散的蛋清中，边倒边搅匀。

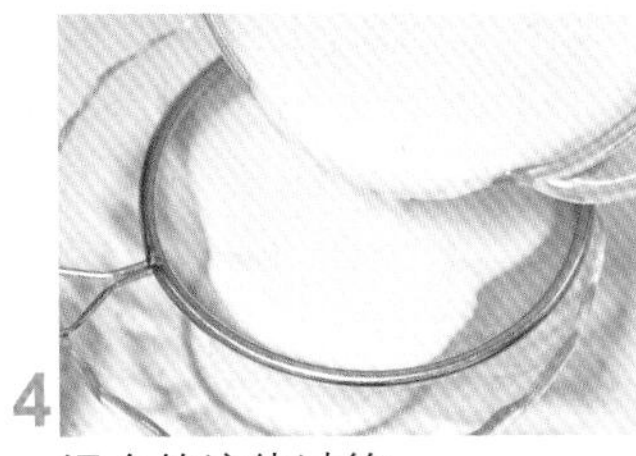

4 混合的液体过筛。

5 加入淡奶油混合成布丁液。

6 将布丁液倒入布丁瓶中。

7 再放入注入2cm深热水的烤盘内。烤箱预热150℃水浴大约烤45分钟，出炉放凉后入冰箱冷却。

所需时间
60分钟

难易度
★☆☆

豆浆蛋挞

豆浆蛋挞

☆ 材料

原味飞饼……………… 2张
鸡蛋黄………………… 2个
细砂糖………………… 15克
豆浆…………………… 60克
淡奶油………………… 60克
低筋面粉……………… 3克

☆ 必备器具

木砧板、擀面杖、碗、手动打蛋器、蛋挞模具。

☆ 小贴士

1.两张飞饼放一起擀（可以上下铺上保鲜膜防黏）。
2.一定要用牙签在饼底扎上小孔。

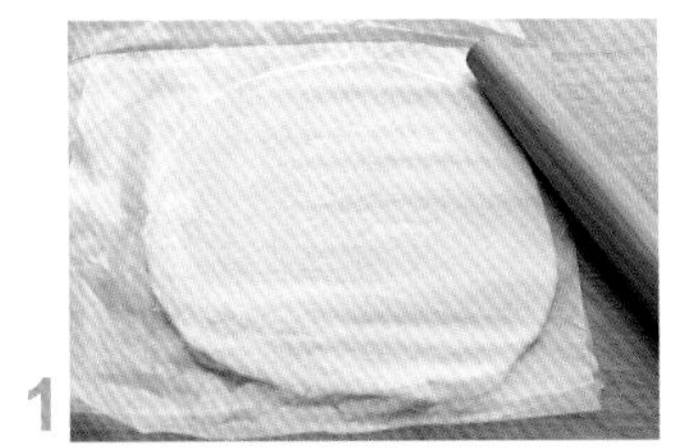

1 取两张飞饼解冻，然后两张叠在一起，擀成大片。

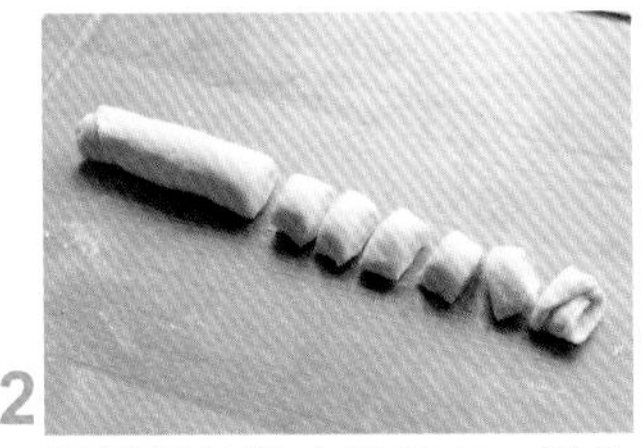

2 把擀好的饼皮卷起来，平均分成12份小面团。

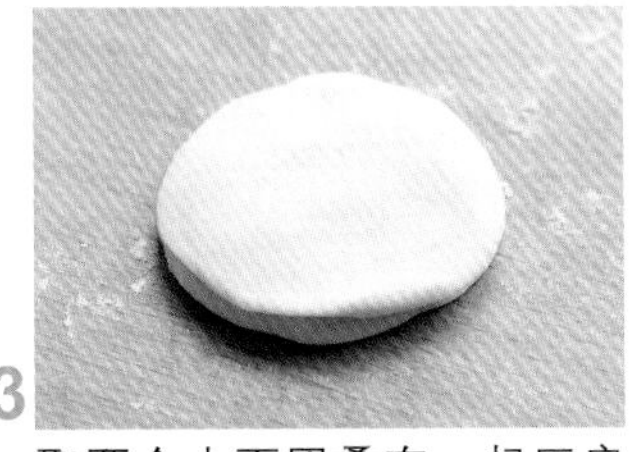

3 取两个小面团叠在一起压扁擀成圆饼。

4 把圆饼放在模具中去掉边缘多余部分，用牙签在饼底扎上小孔。

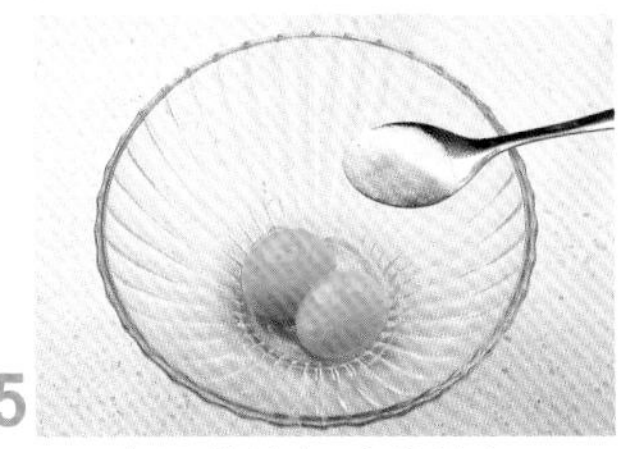

5 取2个蛋黄放细砂糖拌匀。

6 倒入放凉的豆浆拌匀，加入淡奶油继续搅拌。

7 加入低筋面粉充分搅拌均匀过筛。

8 把处理好的蛋挞液放进挞皮中，烤箱预热200℃烤20分钟即可。

所需时间
30分钟

难易度
★☆☆

蓝莓芝士条

蓝莓芝士条

蛋糕底材料

消化饼干……………… 75克
无盐黄油……………… 35克

蛋糕材料

奶油奶酪……………… 250克
细砂糖……………… 55克
无盐黄油……………… 20克
鸡蛋液……………… 100克
淡奶油……………… 80克
奶粉……………… 12克
玉米淀粉……………… 15克
柠檬汁……………… 8克
蓝莓……………… 70克

必备器具

搅拌盆、刮刀、面粉筛、筛子、碗、手动打蛋器、料理机、方形活底模具。

小贴士

1.蛋液一定要分多次加入，每次完全打发均匀再加另一次。
2.模具最好选用活底。
3.水浴时，可以下层放一个烤盘里面加水，模具放烤架上。
4.冷藏4小时以上口感最佳。

所需时间
2小时15分钟
难易度
★★☆

1 用料理机将消化饼干打成细末状倒入容器，拌入溶化的黄油。

2 拌好的饼干碎末倒入模具中用勺子压紧实放入冰箱冷藏。

3 软化的奶油奶酪打至顺滑，倒入细砂糖打匀。

4 分多次加入蛋液打顺滑。

5 倒入淡奶油，继续打搅均匀。

6 筛入玉米淀粉、奶粉，搅拌均匀，挤入柠檬汁拌匀打顺滑。

7 蛋糕糊过筛一次到碗中，然后再筛入模具中，轻轻振两下。

8 摆入蓝莓，烤箱预热150℃水浴烤1小时后，再等50分钟取出放入冰箱冷藏。

蓝莓玛德琳棒棒糖

蓝莓玛德琳棒棒糖

玛德琳材料

低筋面粉	55克
抹茶粉	3克
无铝泡打粉	2克
植物油	28克
无盐黄油	20克
细砂糖	50克
鸡蛋	1只
纯牛奶	12克
柠檬汁	适量
柠檬的皮屑	1个
蓝莓	适量

蛋白糖霜材料

蛋清	35克
糖粉	200克
柠檬汁	少许

必备器具

玻璃容器、刮刀、面粉筛、锅、碗、电动打蛋器、手动打蛋器、玛德琳硅胶模具。

小贴士

1. 植物油代替部分黄油，吃法比较健康，口感也更柔和、更清香。
2. 玛德琳也可以改为夹裹其他坚果。

所需时间
1小时25分钟
难易度
★★☆

1 柠檬屑加细砂糖腌制5分钟。

2 鸡蛋打散放入剩下的细砂糖搅拌均匀。

3 把腌好的柠檬屑倒入蛋液中，加入牛奶拌匀。

4 滴入柠檬汁，倒入植物油拌匀。

5 将抹茶粉、低筋面粉、泡打粉一起过筛拌匀，分次加入混合液体中拌匀。

6 分次加入提前融化好的黄油继续拌匀，放冰箱冷藏静置1小时。

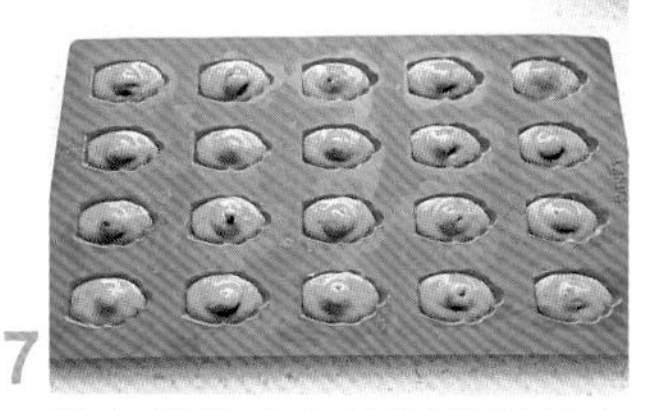

7 装入裱花袋中挤到模具里六分满，再放上一颗蓝莓粒，表面再挤少许面糊，烤箱预热180℃烤13～15分钟即可。

8 开始制作蛋白糖霜，蛋清用打蛋器打至出粗泡，筛入糖粉继续打发。

9 加入柠檬汁打至提起打蛋器时蛋白糖霜可以缓慢滴落、略微坚硬程度即可。

10 取一个玛德琳插上纸棒，顶部蘸上一层蛋白糖霜，再用金色星星糖和巧克力蝴蝶结装饰即可。

无花果杏仁小塔

无花果杏仁小塔

材料

- 杏仁粉……………………115克
- 无花果……………………180克
- 鸡蛋……………………两只
- 细砂糖……………………20克
- 植物油……………………5克
- 牛奶……………………5克

必备器具

料理碗、手动打蛋器、电动打电器、刮刀、纸杯模具。

小贴士

1.蛋白一定要打发至硬性发泡，即提起打蛋器呈小尖角。

2.放在表面的无花果不要太大，否则易下沉。

所需时间

45分钟

难易度

★★☆

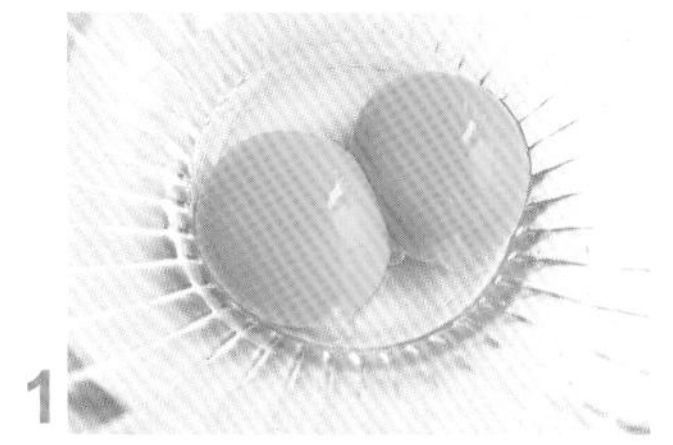

1 蛋白和蛋黄分离。

2 蛋黄打散放入牛奶拌匀。

3 加入植物油拌匀。

4 放入杏仁粉继续拌匀成蛋黄糊。

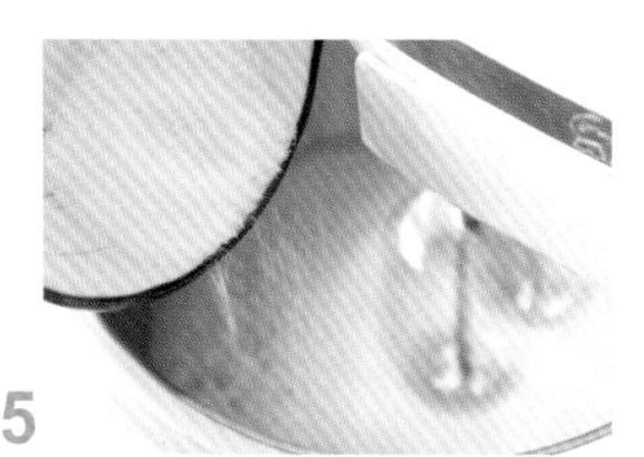

5 蛋白分3次加入细砂糖打发至硬性发泡。

6 打好的蛋白取1/3和蛋黄糊切拌均匀。

7 再倒入剩下的蛋白中完全切拌均匀。

8 无花果洗净切丁。

9 无花果丁倒入面糊中，轻轻拌几下。

10 装在纸模里七八分满，上面放一块切开的长条无花果。烤箱预热170℃烤25分钟即可。

桑葚慕斯

桑葚慕斯

材料

- 桑葚…………………… 100克
- 糖粉…………………… 20克
- 牛奶…………………… 30克
- 淡奶油………………… 110克
- 消化饼干……………… 20克
- 吉利丁片……………… 1.5片

必备器具

料理碗、手动打蛋器、锅、压泥器、刮刀、慕斯碗。

小贴士

1. 这款甜品中的饼干碎最好用消化饼干，用其他颜色深的饼干会改变最终成品的色泽。
2. 牛奶添加的多少也会改变成品的颜色。

所需时间

20分钟

难易度

★☆☆

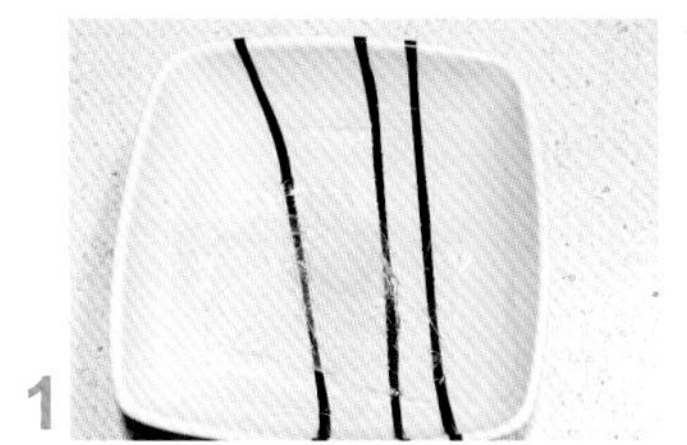

1 将吉利丁片用凉水泡10分钟。

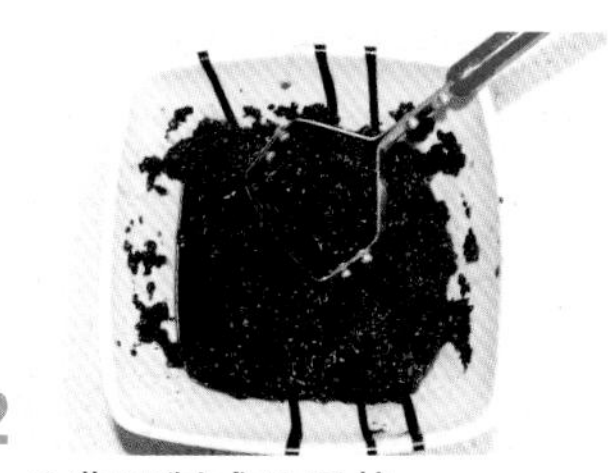

2 桑葚压制成果泥状。

3 桑葚果泥与一半糖粉混合倒入锅中。

4 加入牛奶，小火加热。

5 加热至温热时加入泡软的吉利丁片，不断搅拌至熔化后离火。

6 淡奶油和剩下的糖粉打至六分发泡。

7 加入饼干碎。

8 倒入果泥充分拌匀。

9 倒入慕斯碗中，放入冰箱冷藏至凝固即可。

百香果华夫饼

百香果华夫饼

☆ 蛋糕材料

低筋面粉	140克
无盐黄油	50克
鸡蛋	2个
玉米淀粉	20克
百香果汁	15克
细砂糖	55克
牛奶	70克
泡打粉	5克

☆ 必备器具

搅拌盆、面粉筛、刮刀、锅、碗、手动打蛋器、裱花袋、华夫饼硅胶模具。

☆ 小贴士

1.面粉必须过筛，做出来的华夫饼口感才更细腻。

2.不喜欢百香果也可以换成别的。

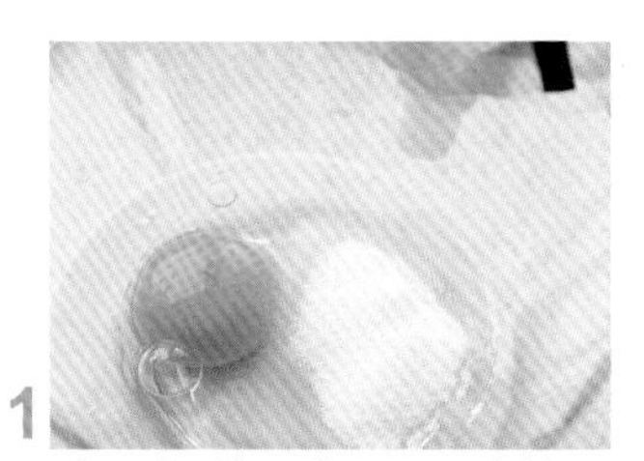

1 鸡蛋打散，加入细砂糖混合，充分搅拌。

2 加入百香果汁，继续搅匀。

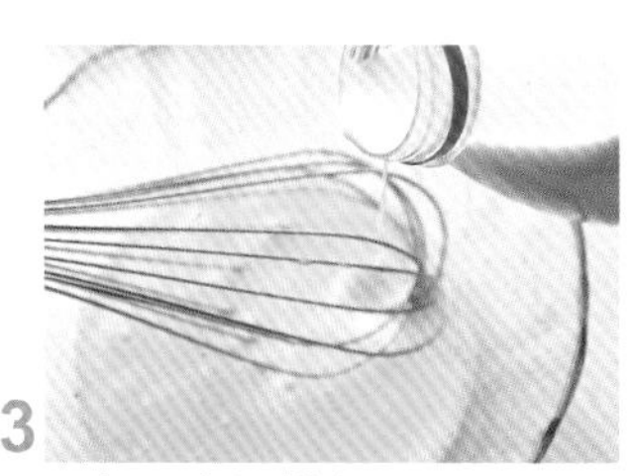

3 再加入牛奶搅匀。

4 加入过筛的粉类拌至无颗粒。

5 加入融化的黄油，继续搅匀，盖保鲜膜醒发20分钟。

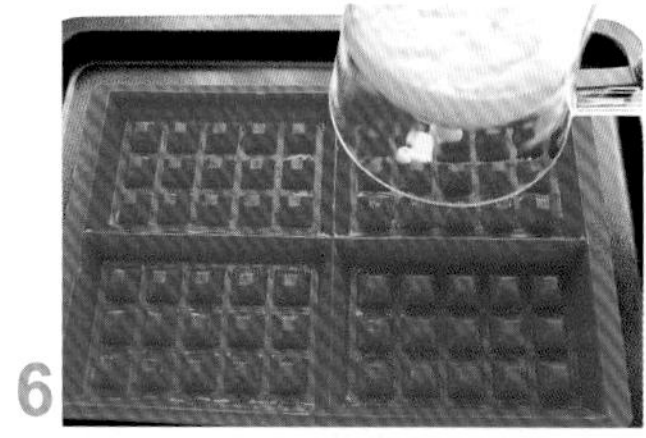

6 面糊装入裱花袋挤入模具，轻轻振动几下，使面糊均匀平铺于模具中。

7 烤箱预热180℃烤20分钟即可。放凉后用水果装饰。

所需时间

50分钟

难易度

★☆☆

芒果慕斯

芒果慕斯

☆ 蛋糕材料

芒果……………………260克
细砂糖…………………5克
牛奶……………………20克
淡奶油…………………70克
吉利丁片………………1片
细砂糖…………………8克
朗姆酒…………………2毫升

☆ 必备器具

料理盆、木铲、破壁机、碗、锅、手动打蛋器、玻璃杯子。

☆ 小贴士

1.吉利丁片使用前，需要提前用凉水浸泡约10分钟，这样可使其吸足水分更容易与其他液体混合，并能有效地去除它的腥味。
2.芒果泥里放入牛奶和砂糖后入锅，小火加热至65℃左右。放入泡软的吉利丁片使之熔化即离火。

所需时间
20分钟
难易度
★☆☆

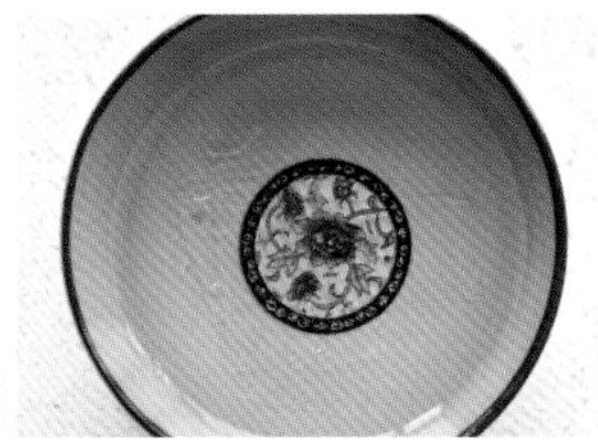

1 先用冷水把丁吉利片泡10分钟至柔软。

2 芒果去皮切片放破壁机打成泥。

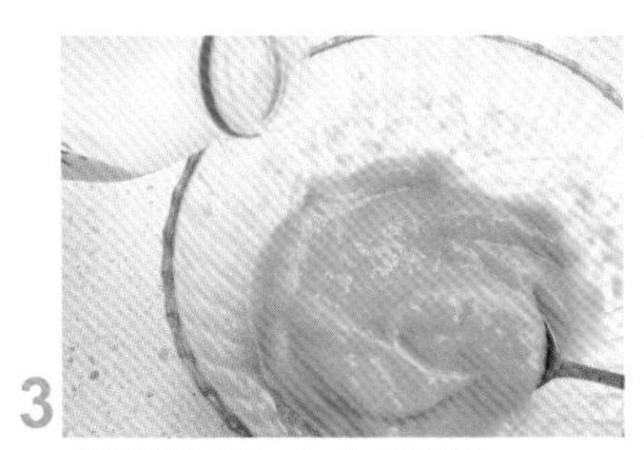

3 芒果泥里加入牛奶拌匀。

4 加入5克细砂糖拌匀。

5 倒入小锅加热。

6 煮至温热时放入泡好的丁吉利片，搅拌至完全熔化离火。

7 淡奶油加8克细砂糖打至湿性发泡。

8 倒入朗姆酒。

9 倒入芒果泥拌匀。

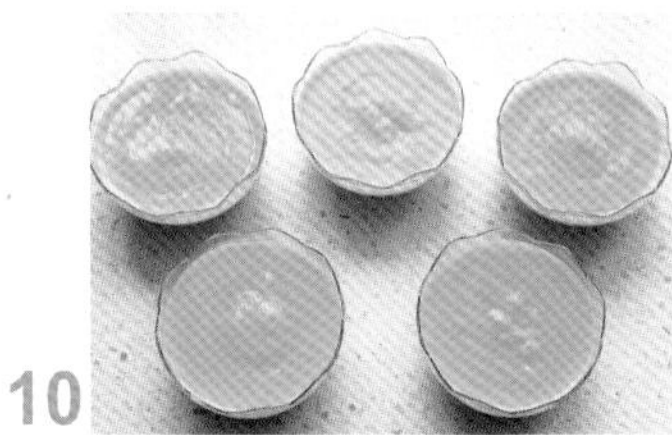

10 装入玻璃杯子里入冰箱冷藏至凝固，取出。表面倒入酸奶，装饰几块芒果粒即可。

杏仁煎饼

杏仁煎饼

材料

无盐黄油……………… 20克
蛋清…………………… 50克
细砂糖………………… 40克
低筋面粉……………… 15克
杏仁片………………… 80克

必备器具

搅拌盆、面粉筛、锅、勺子、叉子、油纸、擀面杖、法棍面包模具。

小贴士

1. 面糊加入杏仁片后轻轻搅拌（不要把杏仁翻碎了）。
2. 面糊放在烤盘上，叉子可蘸清水再压平，薄一点儿口感会更酥脆。

所需时间
1小时35分钟
难易度
★☆☆

1 将蛋清放入容器。

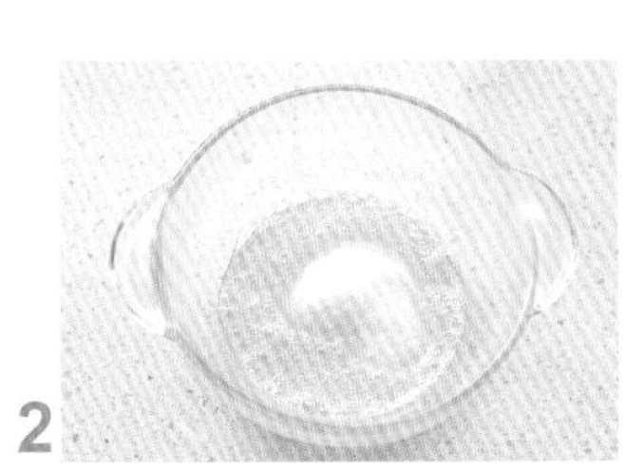

2 加入细砂糖搅拌至糖溶化。

3 筛入低筋面粉搅匀。

4 黄油加热至熔化。

5 倒入面糊中拌匀。

6 放入杏仁片拌匀，盖保鲜膜放冰箱冷藏1小时。

7 用勺挖出面糊放在铺了油纸的烤盘上，用叉子压平。

8 烤箱预热150℃烤15分钟，取出后用擀面杖和法棍面包模具做出形状。

小鸡和果子

小鸡和果子

☆ 材料

蛋黄	1个
炼乳	90克
低筋面粉	90克
无铝泡打粉	2克
豆沙馅	300克
黑巧克力	少许

☆ 必备器具

搅拌盆、面粉筛、刮刀、一次性手套、擀面杖、黄金烤盘。

☆ 小贴士

1. 如果室温高，面团黏手不易操作，可将面团再次冷藏。
2. 分好的面团要加盖保鲜膜防止干燥。
3. 烘烤的过程中注意头顶部不要烤焦，中间要加盖锡纸。
4. 新手可以适当减少内馅克数。

所需时间

1小时50分钟

难易度

★★☆

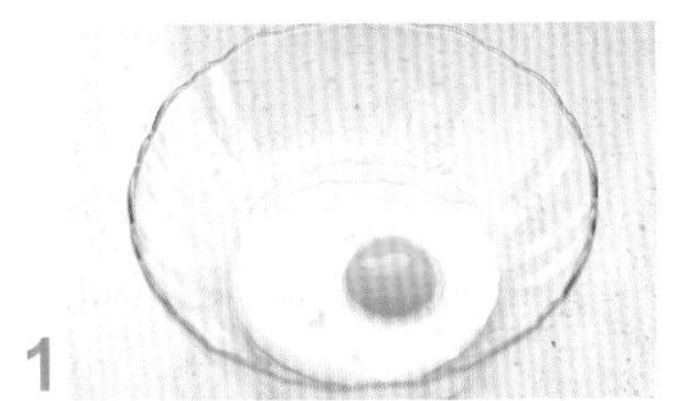

1 将蛋黄放入炼乳中搅匀。

2 筛入低筋面粉、泡打粉。

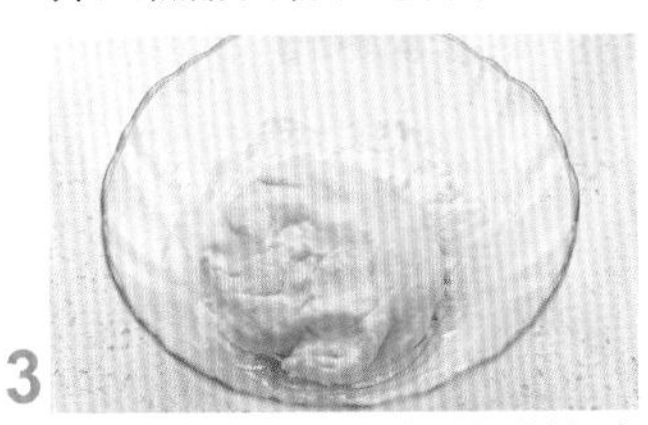

3 拌匀成面团，盖保鲜膜放冰箱冷藏1小时。

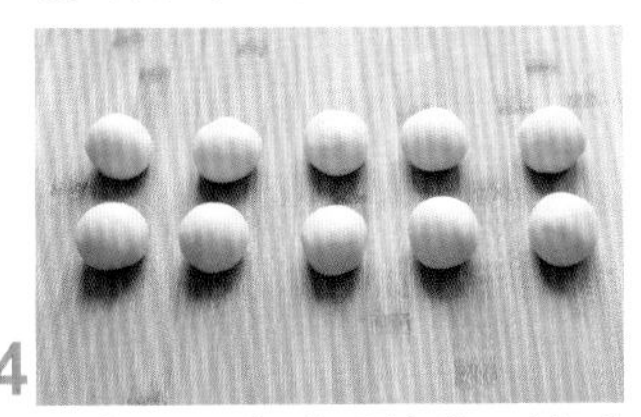

4 取出面团分成10等份，滚成圆形备用。

5 豆沙馅也平均分成10份。

6 取一个小面团擀成圆形。

7 放上豆沙馅。

8 慢慢包和起来。

9 收口后再滚圆。

10 用手捏出小鸡的形状。

11 做好的小鸡和果子放在黄金烤盘中，烤箱预热170℃烤20～25分钟。

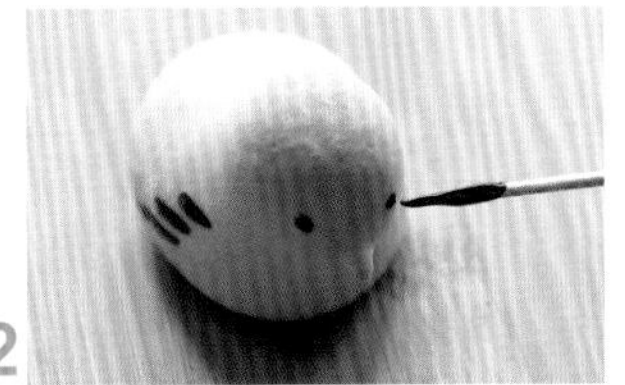

12 取出放凉后，用牙签沾融化的巧克力画出小鸡的眼睛和翅膀

红枣麦芬

面包材料

干红枣…………………… 75克
低筋面粉………………… 150克
牛奶……………………… 75克
鸡蛋……………………… 80克
红糖……………………… 60克
植物油…………………… 60克
泡打粉…………………… 4克

必备器具

搅拌盆、面粉筛、刮刀、碗、锅、裱花袋。
使用模具：花形蛋糕模具。

小贴士

1.红糖量可以根据红枣的甜度增减。
2.红枣留出少许切碎为了增加口感。

1 红枣洗净去核加水在锅里煮5分钟，捞出沥干水。

2 留出少许红枣切碎备用，其余大部分红枣放入破壁机中，加入牛奶、鸡蛋、红糖和植物油一起打碎。

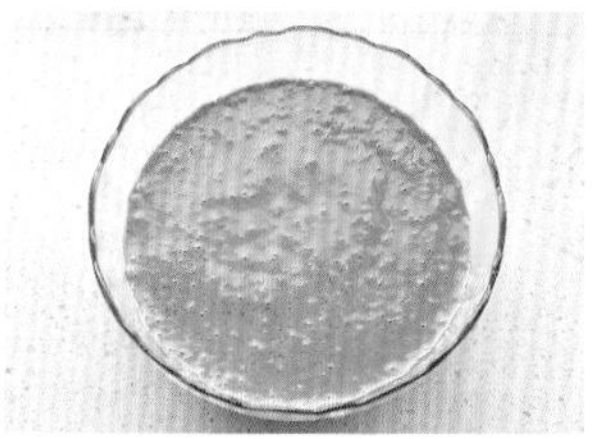

3 打成细腻的泥状倒入容器。

4 红枣泥中筛入低筋面粉、泡打粉拌匀。

5 加入一半切碎的红枣碎拌匀。

6 模具涂上一层黄油，把剩下的红枣碎撒上，再把拌好的蛋糕糊挤入模具，烤箱预热175℃烤25～30分钟。

所需时间
60分钟

难易度
★☆☆

Amazing Puff
百变泡芙

有一种幸福的味道，没有花哨外表的装扮却有着丰富多彩的内涵；没有马卡龙小巧而绚丽的外衣，却依旧保留着法国最原始的纯朴与浪漫，它就是泡芙。在它酥脆的外皮里包裹着丰富厚实的内心，一口咬下去，润滑的内馅在口中爆开，满足的花朵霎时在味蕾上绽放，顷刻间，你就会爱上它。

草莓泡芙甜甜圈

草莓泡芙甜甜圈

蛋奶酱材料

蛋黄	3个
细砂糖	40克
低筋面粉	15克
淀粉	10克
牛奶	250克
香草荚	半颗

泡芙材料

无盐黄油	38克
低筋面粉	46克
蛋液	90克
清水	80克
细砂糖	3克
盐	0.5克

装饰材料

淡奶油	200克
细砂糖	18克
草莓	适量
杏仁片	适量
糖粉	适量

必备器具

料理碗、锅、刮刀、面粉筛、筛子、手动打蛋器、裱花袋、裱花嘴。

1 先制作蛋奶酱，容器中打入蛋黄，加入2/3的细砂糖，充分搅拌均匀。

2 筛入混合好的低筋面粉和淀粉，搅拌均匀。

3 锅内倒入牛奶，加入剩下的细砂糖。加入香草荚，大火煮沸后离火。

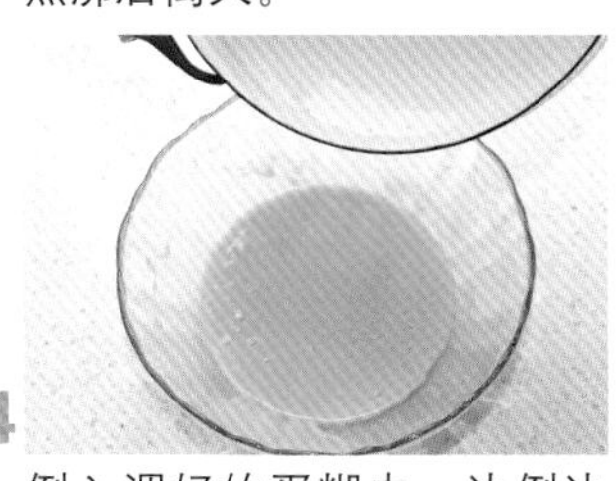

4 倒入调好的蛋糊中，边倒边用手动打蛋器充分搅拌均匀。

5 将拌好的奶糊过筛倒入锅中，置于火上继续用打蛋器搅拌，待蛋糊呈黏稠状后关火。

6 倒入用冰水冷却过的玻璃碗中，盖上保鲜膜，进行冷却，制成蛋奶酱。

7 开始制作泡芙，将低筋面粉过筛入碗中备用。

8 锅里加入软化好的小块黄油，加入糖、盐和清水，用小火加热。

草莓泡芙甜甜圈

小贴士

1.制作泡芙时，黄油混合液沸腾后要立即倒入过筛的低筋面粉中，快速搅拌至无颗粒状，重新用小火加热，水分慢慢蒸发至锅底出现一层薄膜再离火。

2.泡芙的面糊不能太稀也不能太厚，能挂在铲子上呈倒三角形状缓慢滴落是最合适的状态。

3.泡芙在烤箱里表面的气泡全部烤至消失，就差不多好了。

9 待黄油全部溶化并呈现沸腾状后离火，立即倒入过筛的低筋面粉，搅拌至完全均匀状态，再用小火加热，用铲子翻转面糊，搅至锅底有一层薄膜出现时离火。

10 将做好的面糊摊开，分次将打匀的蛋液加入，搅拌成糊状。

11 面糊黏度搅拌成能够挂在铲子上呈倒三角形状。

12 用1厘米的圆嘴裱花袋中装入面糊，挤成直径6厘米大小的圈形面团，在面团表面撒上杏仁片，放入预热190℃烤箱烤30～35分钟即可。

13 烤好的泡芙上方1/3处切去壳顶，挤入蛋奶酱，摆上切好的草莓。

14 挤上打发好的奶油，再盖上泡芙顶部，筛糖粉即可。

所需时间
1小时40分钟
难易度
★★☆

车轮泡芙

车轮泡芙

☆ 泡芙材料

黄油…………………… 50克
清水…………………… 100克
盐……………………… 1/4小匙
低筋面粉……………… 60克
鸡蛋…………………… 2只

☆ 内馅材料

蛋黄…………………… 3个
糖……………………… 60克
低筋面粉……………… 30克
玉米淀粉……………… 10克
牛奶…………………… 240克
香草荚………………… 0.5根
淡奶油………………… 50克
榛子酱………………… 30克

☆ 必备器具

料理碗、锅、刮刀、面粉筛、筛子、手动打蛋器、裱花袋、裱花嘴。

1 先将低筋面粉过筛备用。

2 再将黄油、盐放入小锅里，再加入清水，中火加热至沸腾，将小锅离火。

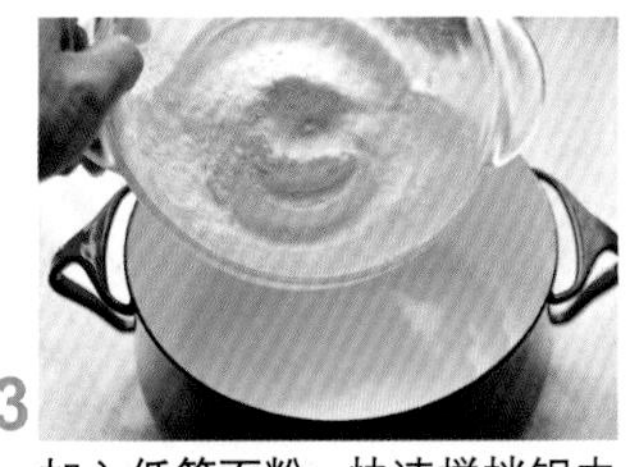

3 加入低筋面粉，快速搅拌锅中所有材料，烫成面团。再开小火，让面团水分再收干，至锅底有一层黏膜后离火。

4 面团取出放盆中，再继续搅拌面团至温热不烫手，将打散的蛋液分次少量加入面团中。

5 每加一点儿蛋液就快速用力搅拌均匀至面团糊用木勺舀起呈倒三角形不滴落。

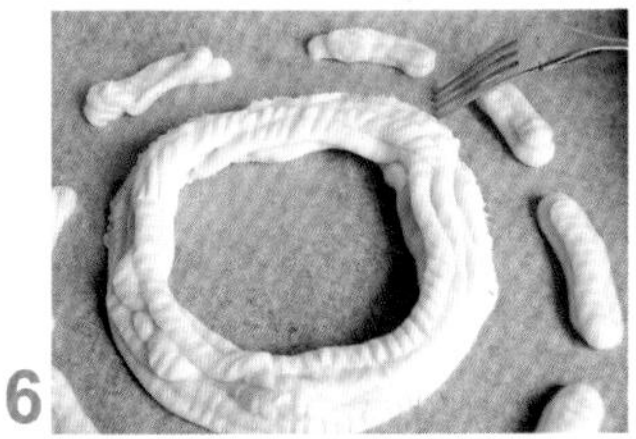

6 将面糊装入裱花袋，用圆形花嘴在烤盘中挤出直径15厘米的圆形面团，在其四周挤上一圈小的环状面团。用蘸过凉水的叉子在面团上压出齿痕。

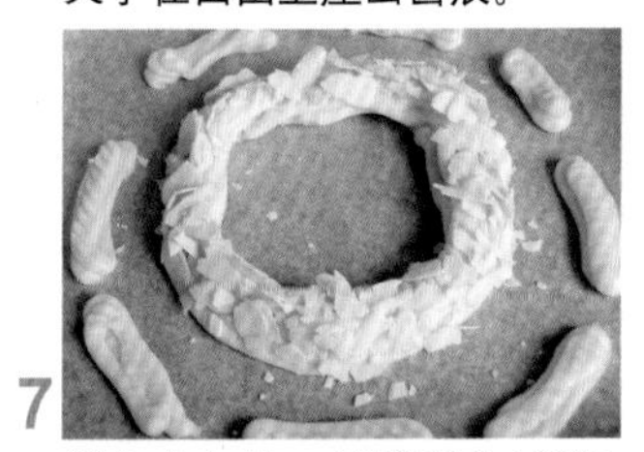

7 撒上杏仁片。烤箱预热190℃烤40分钟取出放凉。

8 制作内馅，玻璃容器打入蛋黄，加入细砂糖，用手动打蛋器打匀。

小贴士

1. 小泡芙可以大小不一，烤好后方便围一圈放在大泡芙上。

2. 大小泡芙都要切开注入内馅。

9 加入过筛的低筋面粉和玉米淀粉拌至没有颗粒。

10 锅中倒入牛奶，放入香草荚，加入10克糖大火煮开。

11 煮开离火倒入面糊中拌匀。拌匀的面糊过筛后倒入小锅中小火加热，用打蛋器继续搅拌至黏稠状离火。将蛋糊放入冰水冷却过的碗中，盖上保鲜膜进行冷却。

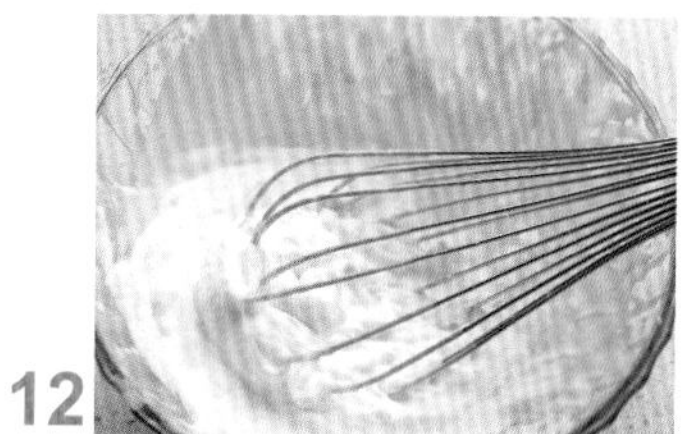

12 另一个碗中将淡奶油加10克糖打至八分发。再与冷却的蛋奶糊混合拌匀即成。

13 将烤好的大小泡芙顶部切开。裱花袋内装入内馅，挤在切开的大泡芙圈上，放上小泡芙。

14 再挤上一层内馅盖上另一半大泡芙顶。装盘筛糖粉。在泡芙圈放上水果进行装饰即可。

所需时间

2小时

难易度

★★☆

金丝泡芙塔

所需时间
1小时45分钟

难易度
★★☆

金丝泡芙塔

泡芙皮材料

无盐黄油………………… 38克
低筋面粉………………… 46克
蛋液……………………… 90克
清水……………………… 80克
细砂糖…………………… 3克
盐………………………… 0.5克

泡芙馅材料

淡奶油…………………… 250克
细砂糖…………………… 22克
香草精少许（可不加）

焦糖液材料

细砂糖…………………… 50克
清水……………………… 20克

装饰材料

糖粉……………………… 少许
红色蝴蝶结糖…………… 少许
薄荷叶…………………… 适量

必备器具

料理碗、锅、刮刀、叉子、面粉筛、手动打蛋器、裱花袋、裱花嘴。

小贴士

1.泡芙烤到表面金黄无气泡，再关掉烤箱焖几分钟取出，这样使其表面更酥脆。
2.煮焦糖液时，中小火煮至焦色，焦糖冒泡就开始蘸糖液固定泡芙塔。
3.焦糖可以反复加热，拉丝过程中，焦糖凝固了就继续小火加热。
4.泡芙圣诞树不立即吃，可以不给泡芙注淡奶油，可以吃时再注，这样圣诞树保持时间长，泡芙也更松脆。

1 将低筋面粉筛入碗中备用。

2 锅里加入软化好的小块黄油，加入糖盐和清水，用小火加热。

3 待黄油全部熔化并呈现沸腾状后离火，立即倒入过筛的低筋面粉，搅拌至完全均匀状态，再用小火加热，用铲子翻转面糊，搅至锅底有一层薄膜出现时离火。

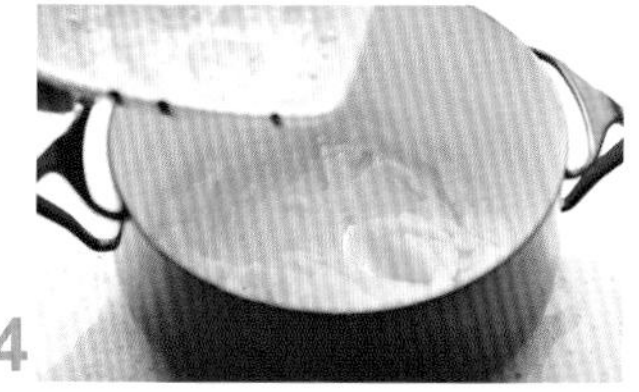
4 将做好的面糊摊开，分次将打匀的蛋液加入，搅拌成糊状。

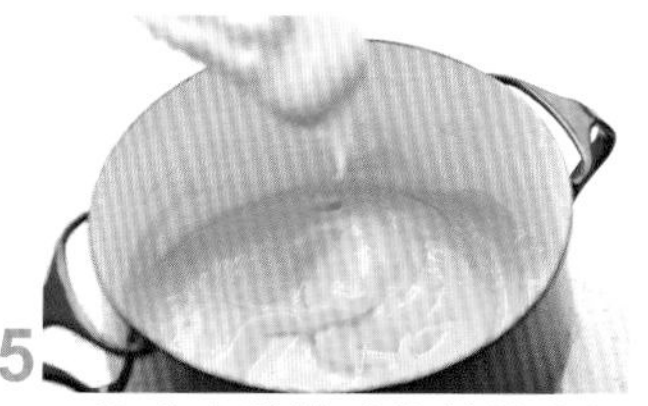
5 面糊黏度搅拌成能够挂在铲子上呈倒三角形状。

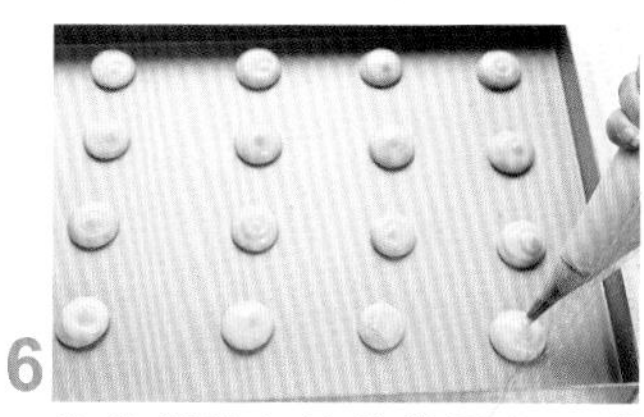
6 泡芙糊装入裱花袋用小圆嘴挤出直径2厘米、高1厘米的小面团。

7 用叉子蘸水压平表面小尖。

8 烤箱预热190℃烤25～30分钟，取出放凉。

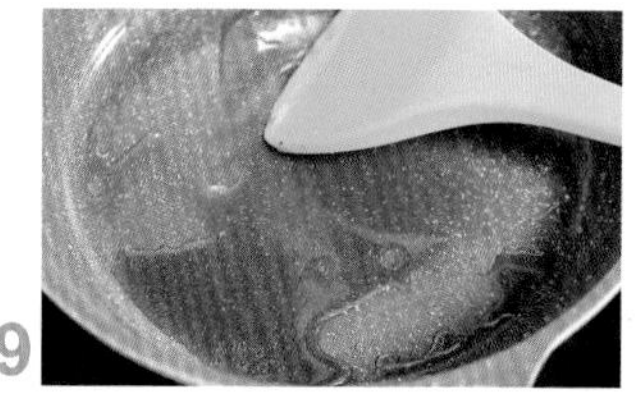
9 将清水和细砂糖放进锅里煮成焦糖液。

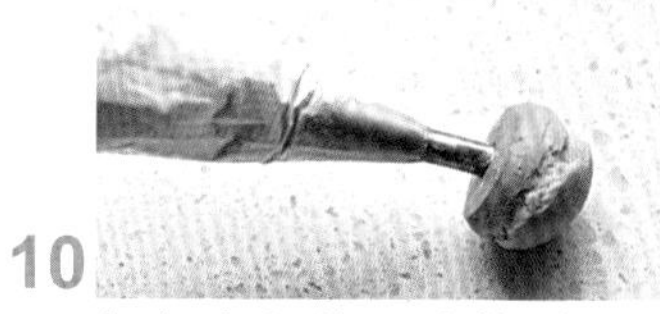
10 把打发好的奶油挤到泡芙里。

11 在泡芙底部蘸上焦糖液放在盘里，中间放一个锥形纸筒。

12 每个泡芙底部都要蘸焦糖液，然后固定成一个塔状，再用叉子蘸点儿焦糖液围泡芙塔拉丝，反复拉丝到喜欢的层数，表面筛糖粉进行装饰。

甜土豆泡芙

甜土豆泡芙

泡芙材料

- 无盐黄油……………… 50克
- 清水……………………… 100克
- 盐…………………… 1/4小匙
- 细砂糖…………………… 5克
- 低筋面粉………………… 60克
- 鸡蛋……………………… 2个

内馅材料

- 土豆……………………… 250克
- 蛋黄……………………… 1个
- 细砂糖…………………… 50克
- 无盐黄油………………… 50克
- 黑芝麻…………………… 适量
- 蛋液……………………… 适量

必备器具

料理碗、锅、刮刀、面粉筛、压泥器、手动打蛋器、电动打蛋器、裱花袋、裱花嘴。

小贴士

1. 这个方子大约可以做出8个甜土豆泡芙。
2. 把最终烤好的甜土豆泡芙取出，把切下来的部分放在上面即可。

所需时间

1小时30分钟

难易度

★★☆

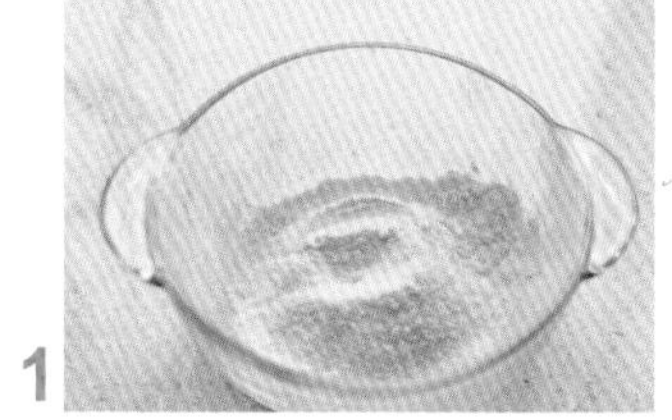

1 将低筋面粉筛入碗中备用。

2 锅里加入软化好的小块黄油，加入糖、盐和清水，用小火加热。

3 待黄油全部熔化并呈现沸腾状后离火，立即倒入过筛的低筋面粉，搅拌至完全均匀状态，再用小火加热，用铲子翻转面糊，搅至锅底有一层薄膜出现时离火。

4 将做好的面糊摊开，分次将打匀的蛋液加入，搅拌成糊状。

5 面糊黏度搅拌成能够挂在铲子上呈倒三角形状。

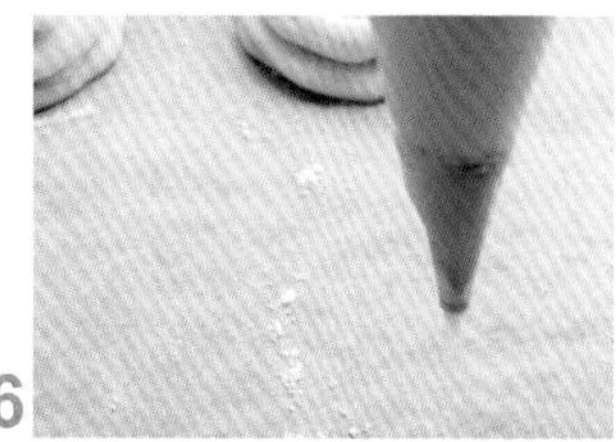

6 将面糊装入裱花袋，挤出长约10cm、宽约3cm的泡芙。烤箱预热200℃烤大约25分钟，取出放凉后，将泡芙顶部1/3切开备用。

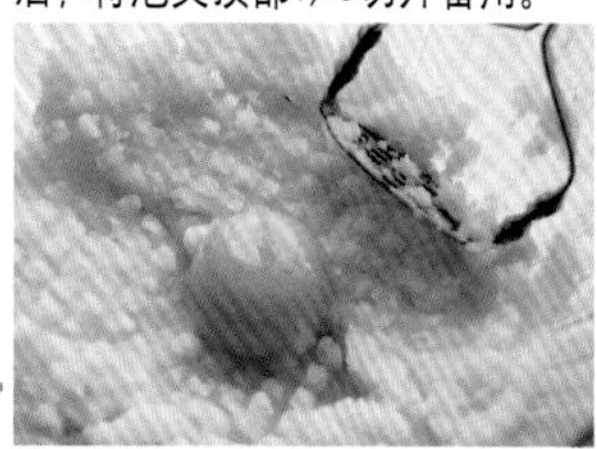

7 开始制作泡芙馅，把煮熟的土豆去皮压成泥，加蛋黄拌匀。

8 再加入细砂糖。

9 加入在室温软化的黄油，充分搅拌均匀。

10 装入裱花袋呈螺旋状挤在泡芙底部，表面再刷上蛋液，撒上黑芝麻，放入200℃烤箱内烤至表面焦黄色即可。

天鹅泡芙

天鹅泡芙

蛋糕材料

无盐黄油	50克
清水	100克
盐	1/4小匙
糖	3克
低筋面粉	60克
蛋液	90克

必备器具

料理碗、锅、刮刀、面粉筛、手动打蛋器、电动打蛋器、裱花袋、裱花嘴。

小贴士

1. 面糊挤出天鹅脖子的形状后，用牙签略调整一下让其嘴部更逼真一些。
2. 做好的天鹅泡芙也可以不放在蛋糕上，随意摆在盘中也很可爱。

所需时间
1小时30分钟
难易度
★★★

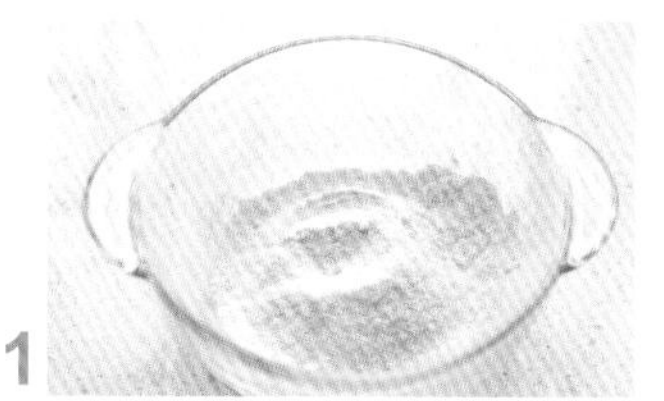

1 将低筋面粉筛入碗中备用。

2 锅里加入软化好的小块黄油，加入糖、盐和清水，用小火加热。

3 待黄油全部溶化并呈现沸腾状后离火，立即倒入过筛的低筋面粉，搅拌至完全均匀状态，再用小火加热，用铲子翻转面糊，搅至锅底有一层薄膜出现时离火。

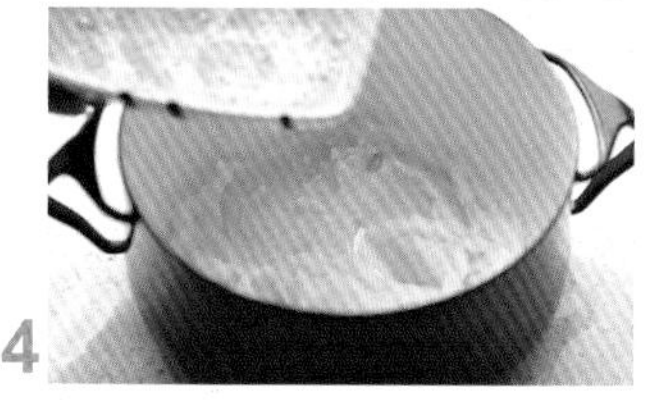

4 将做好的面糊摊开，分次将打匀的蛋液加入，搅拌成糊状。

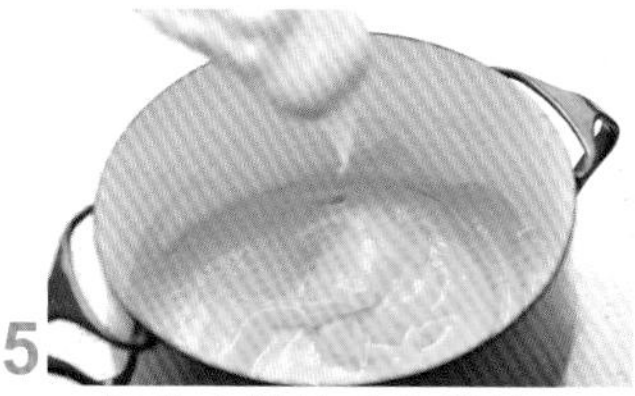

5 面糊黏度搅拌成能够挂在铲子上呈倒三角形状。

6 将大部分面糊装入裱花袋用裱花嘴挤出水滴状，当作天鹅的身体，烤箱预热200℃烤25分钟。

7 将一小部分面糊装入裱花袋，剪开小口，挤出类似天鹅脖子的形状，烤箱预热180℃烤10分钟。

8 将烤好放凉的水滴状泡芙从中间剖开。上部分再切成两半，作天鹅的翅膀。

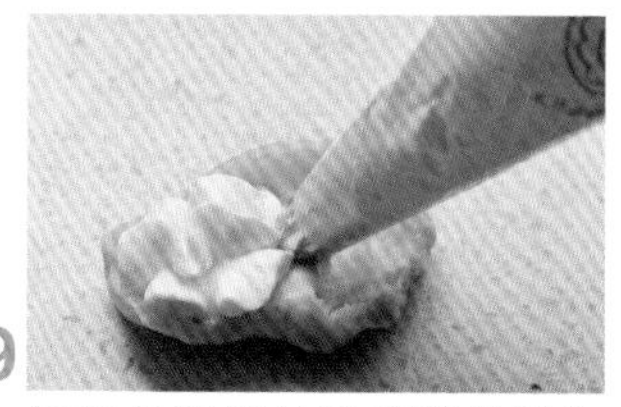

9 打好的淡奶油用花嘴挤到泡芙底部。

10 然后装饰上天鹅的脖子和翅膀。

11 烤好放凉的戚风蛋糕平均分成3片，每片涂上打好的淡奶油做成3层裸蛋糕甜品台。

12 最后再摆上做好的天鹅泡芙，再装饰一下。

奶汁烤花菜泡芙

奶汁烤花菜泡芙

泡芙材料

无盐黄油	50克
清水	100克
盐	1/4小匙
细砂糖	5克
低筋面粉	60克
鸡蛋	2只

海鲜沙拉材料

大虾	4只
花菜	一小半
玉米粒	适量
圆葱	1/2个
白葡萄	适量
原味沙拉	一大勺
牛奶	适量
油、盐、胡椒粉	适量

必备器具

料理碗、锅、刮刀、叉子、面粉筛、手动打蛋器、裱花袋、裱花嘴。

小贴士

1. 煮好的海鲜沙拉馅要浓稠收汁，不要太多水分。
2. 趁热现吃口感更佳。

所需时间

1小时30分钟

难易度

★★☆

1 将低筋面粉筛入碗中备用。

2 锅里加入软化好的小块黄油，加入糖、盐和清水，用小火加热。

3 待黄油全部熔化并呈现沸腾状后离火，立即倒入过筛的低筋面粉，搅拌至完全均匀状态，再用小火加热，用铲子翻转面糊，搅至锅底有一层薄膜出现时离火。

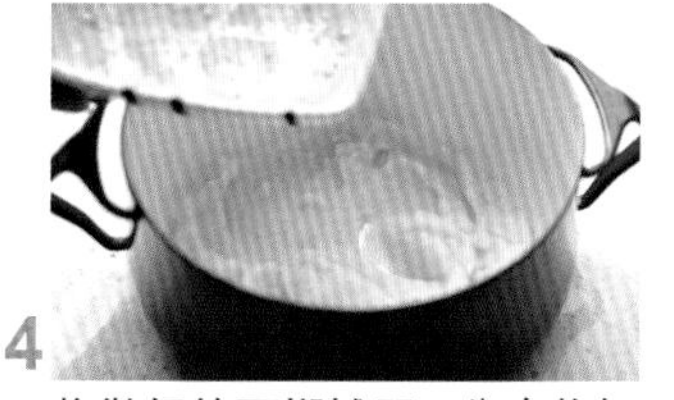

4 将做好的面糊摊开，分次将打匀的蛋液加入，搅拌成糊状。

5 面糊黏度搅拌成能够挂在铲子上呈倒三角形状。

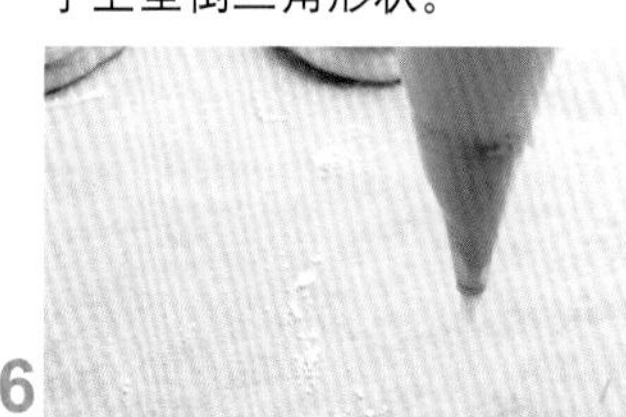

6 将面糊装入裱花袋，用圆形裱花嘴在烤盘中挤出圆形。

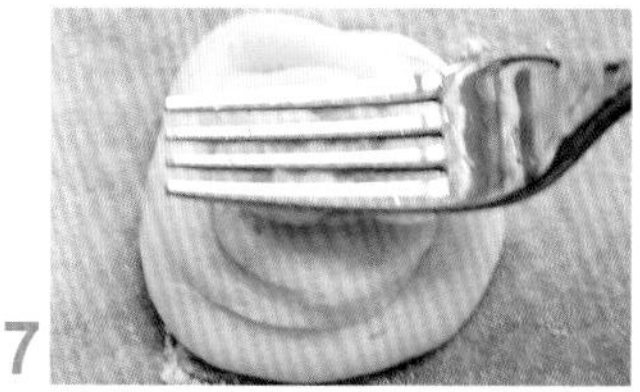

7 用蘸过凉水的叉子将面糊顶部尖峰压平。烤箱预热200℃烤25分钟后，取出放凉备用。

8 花菜撕小朵，焯烫后沥干水。

9 准备熟玉米粒，大虾去头、去壳、去虾线，切小段。圆葱切丝备用。

10 锅中热油爆香圆葱丝再倒入虾仁爆炒至完全变色。倒入白葡萄酒，再加盐和胡椒粉炒匀。放适量原味沙拉酱和牛奶。放入玉米粒煮至黏稠状，再放入花菜拌匀盛出。

11 将泡芙顶部1/4处去掉，把海鲜沙拉挤进泡芙体内。

12 表面装饰花菜和玉米粒。烤箱预热200℃烤5分钟即可。

提拉米酥泡芙

提拉米酥泡芙

泡芙壳材料

- 无盐黄油…………………… 50克
- 清水………………………… 100克
- 盐…………………………… 1/4小匙
- 低筋面粉…………………… 60克
- 鸡蛋………………………… 2个

泡芙馅材料

- 淡奶油……………………… 200克
- 细砂糖……………………… 35克

咖啡浆材料

- 清水………………………… 50克
- 细砂糖……………………… 50克
- 速溶咖啡…………………… 5克

裱花材料

- 手指饼……………………… 8根
- 巧克力酱…………………… 适量
- 咖啡粉……………………… 适量

必备器具

料理碗、锅、刮刀、叉子、面粉筛、手动打蛋器、电动打蛋器、裱花袋、裱花嘴。

小贴士

1. 手指饼放入煮好的咖啡液中翻两下就可以取出，不需要浸泡时间过长。
2. 不喜欢咖啡粉，表面筛巧克力粉也可以。

所需时间
1小时40分钟
难易度
★★☆

1 将低筋面粉筛入碗中备用。

2 锅里加入软化好的小块黄油，加入糖、盐和清水，用小火加热。

3 待黄油全部溶化并呈现沸腾状后离火，立即倒入过筛的低筋面粉，搅拌至完全均匀状态，再用小火加热，用铲子翻转面糊，搅至锅底有一层薄膜出现时离火。

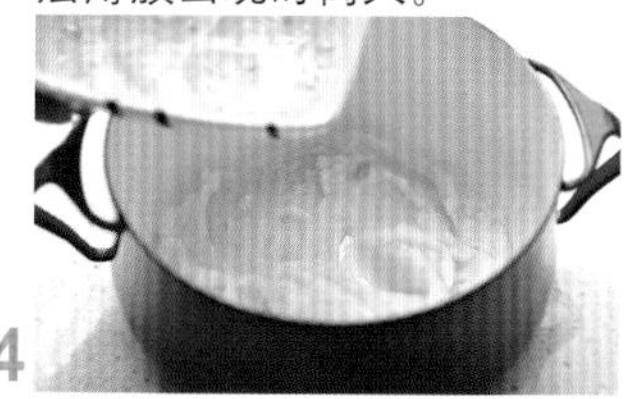

4 将做好的面糊摊开，分次将打匀的蛋液加入，搅拌成糊状。

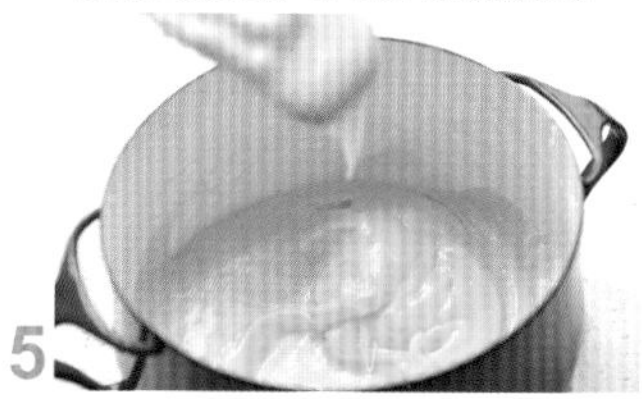

5 面糊黏度搅拌成能够挂在铲子上呈倒三角形状。

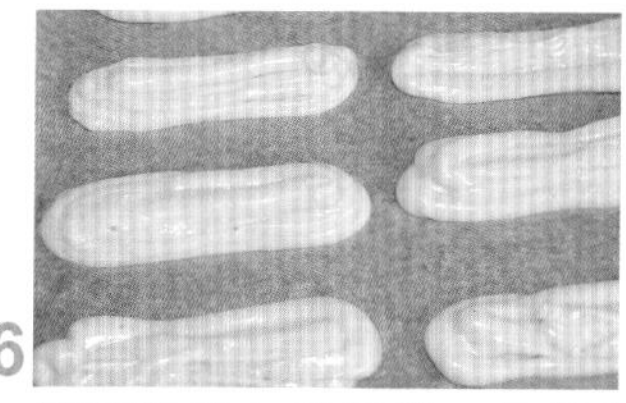

6 将面糊装入裱花袋，挤出8个长约10cm、宽约3cm的泡芙。烤箱预热200℃烤大约25分钟取出放凉。

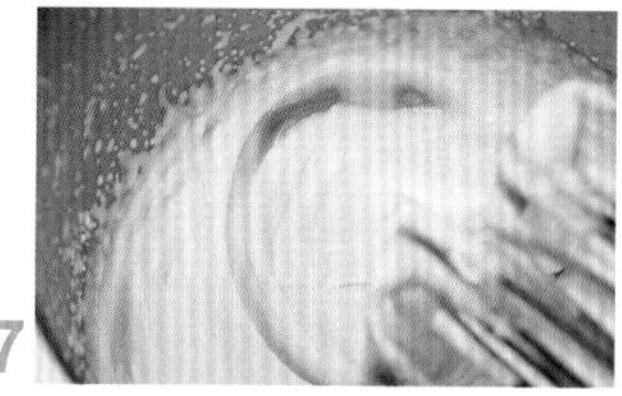

7 淡奶油加细砂糖打至八分发。

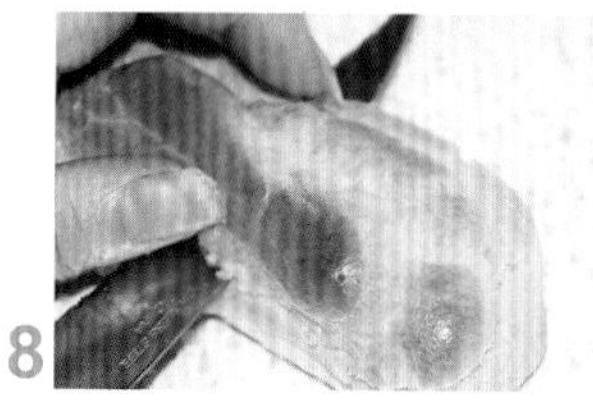

8 将泡芙顶部1/3切开。

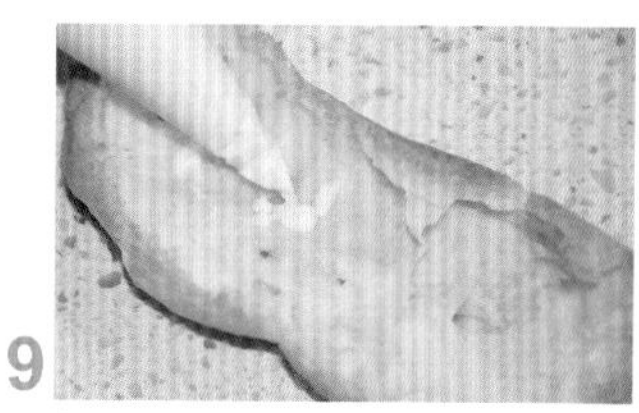

9 打好的奶油装入裱花袋，挤满泡芙底部。

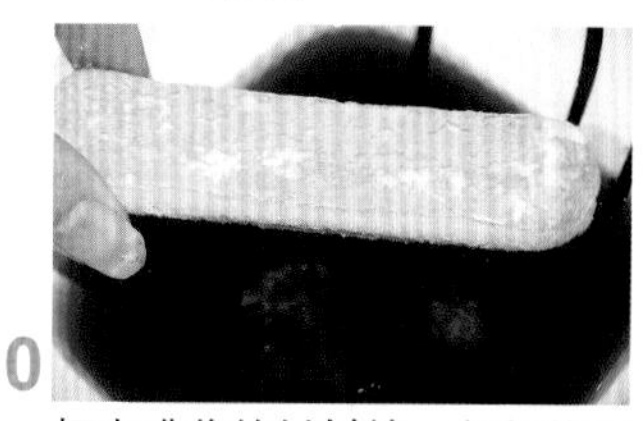

10 把咖啡浆的材料放一起加热至沸腾取出。将手指饼放入浸泡。

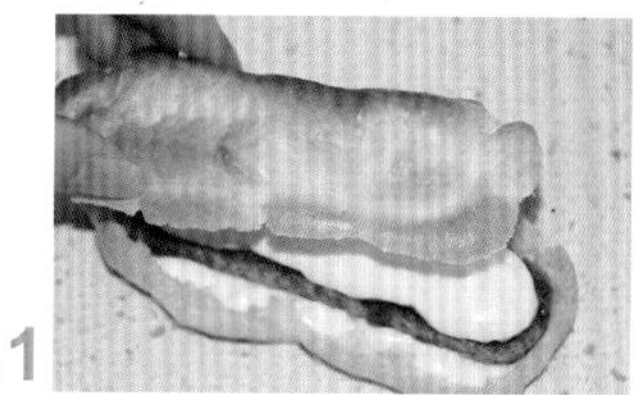

11 浸满咖啡浆的手指饼取出放在泡芙底部的奶油上。手指饼表层再挤一层奶油，盖上泡芙盖子装盘。

12 将巧克力酱在表面挤成小点点，筛上咖啡粉。

冰淇淋泡芙

冰淇淋泡芙

蛋糕材料

无盐黄油	50克
清水	100克
盐	1/4小匙
细砂糖	10克
低筋面粉	60克
鸡蛋	2只
冰淇淋	适量

必备器具

料理碗、锅、刮刀、叉子、面粉筛、手动打蛋器、裱花袋、裱花嘴。

小贴士

1. 制作面糊时，蛋液一定要分次加入，根据吸收情况和面糊稀稠情况，可以不完全加入。
2. 烤的过程一定不能开烤箱。烤至最后，泡芙表面的水分几乎完全蒸发，表面看不到小气泡即可。
3. 冰淇淋从冰箱取出即装入裱花袋，注入泡芙内，也可切开小口用小勺舀进去。
4. 最好是现做现吃，如果注过冰淇淋吃不了，可以放进冰箱冷冻。

所需时间

1小时15分钟

难易度

★★☆

1 将低筋面粉过筛加入碗中备用。

2 锅里加入软化好的小块黄油，加入细砂糖、盐和清水，用小火加热。

3 待黄油全部熔化并呈现沸腾状后离火，立即倒入过筛的低筋面粉，搅拌至完全均匀状态，再用小火加热，用铲子翻转面糊，搅至锅底有一层薄膜出现时离火。

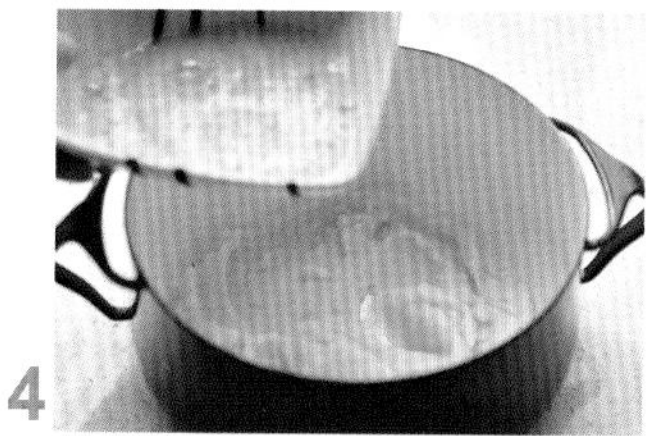

4 将做好的面糊摊开，分次将打匀的蛋液加入，搅拌成糊状。

5 面糊黏度搅拌成能够挂在铲子上呈倒三角形状。

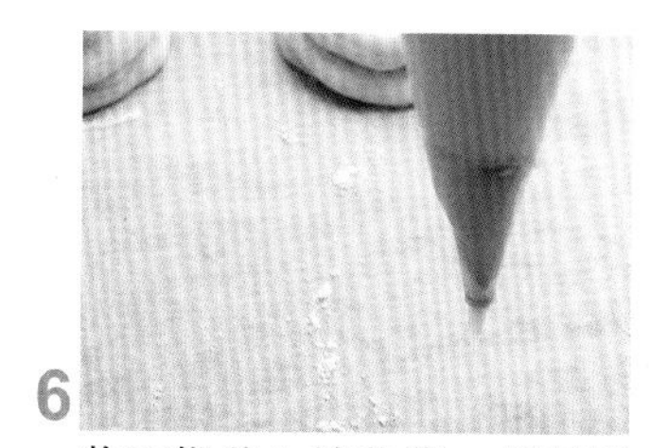

6 将面糊装入裱花袋，用圆形裱花嘴在烤盘中挤出圆形面团。

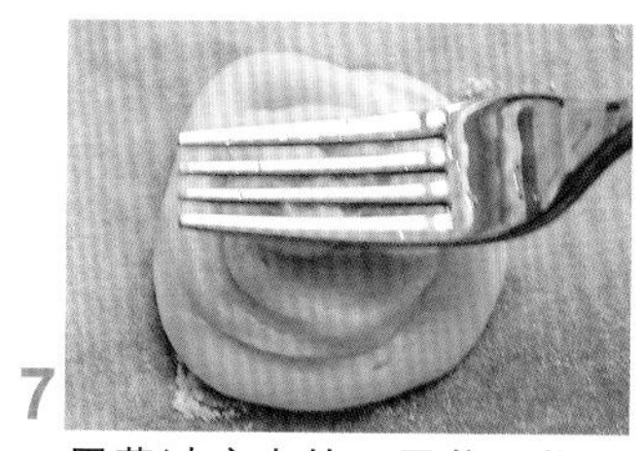

7 用蘸过凉水的叉子将面糊顶部尖峰压平。烤箱预热200℃烤25分钟即可。

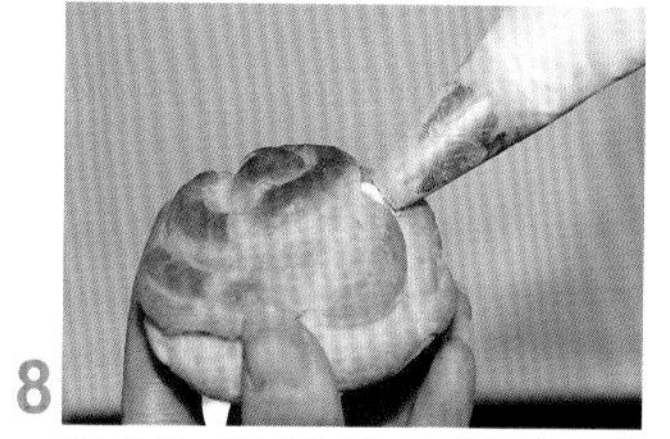

8 取出放凉不烫手，用长形裱花嘴注入冰淇淋即可。

特别感谢刘旭明、林霖、沈鹏宇、吕晓彤、苏梦、林宵、张明海、于建水、鞠章英、李令彬、刘凡、苏爱珍、孙小童、孔军强、苏兰钦、刘昌文、于继红、刘旭光、王淑霞、李淑涛、刘宏声、赵瑞静、郭占元、孙小童、祝旦帅、苏影、吕元理、李宁、王文慧、李淑涛、刘宏声、林栋、孙玉玲、吴海军、孙丽娜、徐伟、谭玉冰、李美美、李超、刘军鹏、赛海龙、李爱妮、曲海玲、鞠强、苏婕

在我写作出版此书时给予我的大力支持和帮助！